MÜNCHENER GEOGRAPHISCHE ABHANDLUNGEN

in

MÜNCHENER UNIVERSITÄTSSCHRIFTEN

FACHBEREICH GEOWISSENSCHAFTEN

Münchener Universitätsschriften

Fachbereich Geowissenschaften

MÜNCHENER GEOGRAPHISCHE ABHANDLUNGEN

Institut für Geographie der Universität München

Herausgegeben

von

Professor Dr. H. G. Gierloff-Emden   Professor Dr. F. Wilhelm

Schriftleitung: Dr. St. v. Gnielinski

Band 18

MONIKA OSTHEIDERK

Möglichkeiten der Erkennung und Erfassung von Meereis mit Hilfe von Satellitenbildern (NOAA-2 VHRR)

Mit 65 Abbildungen und 10 Tabellen

1975

Institut für Geographie der Universität München

Kommissionsverlag: Geographische Buchhandlung, München

Gedruckt mit Unterstützung aus den Mitteln der Münchener Universitäts-Schriften

Rechte vorbehalten

Ohne ausdrückliche Genehmigung der Herausgeber ist es nicht gestattet, das Werk oder Teile daraus nachzudrucken oder auf photomechanischem Wege zu vervielfältigen.

Ilmgaudruckerei 8068 Pfaffenhofen/Ilm, Postfach 86

Anfragen bezüglich Drucklegung von wissenschaftlichen Arbeiten, Tauschverkehr sind zu richten an die Herausgeber im Institut für Geographie der Universität München, 8 München 2, Luisenstraße 37.

Kommissionsverlag: Geographische Buchhandlung, München

ISBN 3 920 397 770

VORWORT

Im Rahmen einer Zulassungsarbeit zum Staatsexamen unter der Betreuung von Herrn Prof. Dr. H. G. Gierloff-Emden, Institut für Geographie der Ludwig-Maximilians-Universität München, beschäftigte ich mich zum ersten Male intensiver mit Fragen der geowissenschaftlichen Satellitenbildauswertung.

Die Anregung zu dieser Untersuchung erhielt ich von Herrn Prof. Dr. Gierloff-Emden, dem ich für seine Unterstützung und sein Interesse am Fortgang der Arbeit zu besonderem Dank verpflichtet bin.

Die Arbeit wurde durch ein Stipendium nach dem Graduiertenförderungsgesetz (GFG) ermöglicht. Der Universität München danke ich für die Bewilligung dieser Förderung sowie einer Kostenvergütung meiner Reise und Teilnahme am Symposium on Remote Sensing in Glaciology in Cambridge, England.

Für die freundliche Bereitstellung eines Doktorandenraums sowie personelle, finanzielle und materielle Hilfe danke ich Herrn Prof. Dr. Gierloff-Emden und dem Institut für Geographie ganz herzlich.

Die photographischen Arbeiten wurden im Photolabor des Instituts für Geographie von Frau U. Resch durchgeführt.

Bei der praktischen Bildauswertung konnte ich mich auf die Geräte-Ausrüstung der Abteilung Luftbildauswertung und Fernerkundung beim Lehrstuhl Gierloff-Emden im Institut für Geographie stützen.

Weiterhin wurden Geräte der DFG-Zentralstelle für Geophotogrammetrie und Fernerkundung in München verwendet. Hierfür sei der Deutschen Forschungsgemeinschaft und dem Leiter der Zentralstelle, Herrn Prof. Dr. J. Bodechtel, mein Dank ausgesprochen.

Den größten Teil des Bildmaterials stellte die Sternwarte Bochum, Institut für Weltraumforschung, zur Verfügung. Ihrem Direktor, Herrn Prof. H. Kaminski, sei hierfür gedankt. Danken möchte ich den Herren F. Witte und D. Klotz, Sternwarte Bochum, für ihre große Mühe bei den Photoarbeiten. Mein besonderer Dank gilt Frau A.-M. Martin für wertvolle Ratschläge und kritische Anteilnahme.

Für Hilfe bei der Beschaffung des Bild-, Karten- und Datenmaterials habe ich ferner zu danken:
P. Baylis, University of Dundee; P. M. Breistein, Det Norske Meteorologiske Institutt, Oslo; S. C. Brown, NASA, MSFC, Huntsville Alabama; K. Jayachandran, Meteorological Office, Bracknell; R. Koffler, NOAA/NESS, Washington D.C.; W. R. MacDonald, U.S.G.S., Reston Virginia; E. P. McClain, NOAA/NESS, Hillcrest Heights Maryland; T. Mohr, DWD, Offenbach; R. G. Reeves, U.S.G.S., EROS Data Center, Sioux Falls South Dakota; J. Sissala, ARA, Baltimore Maryland; M. J. Stateman, AIDJEX Data Manager, Seattle Washington; K. Strübing, DHI, Hamburg; H. H. Valeur, Det Danske Meteorologiske Institut, Charlottenlund; A. Villevieille, Bureau d'Études Météorologiques Spatiales, Boulogne Sur Seine; L. A. Watson, Jr., NOAA/NESS, Washington D.C.

Zahlreiche Personen und Institutionen unterstützten mich bei der Literatursuche und -beschaffung; Freunde und Kollegen gaben mir in Diskussionen hilfreiche Anregungen. Ihnen allen sei an dieser Stelle gedankt.

Die Herausgabe der vorliegenden Arbeit innerhalb der Münchener Universitätsschriften wurde durch eine großzügige Druckbeihilfe der Universität München ermöglicht. Den hierfür zuständigen Gremien bin ich zu großem Dank verpflichtet.
Den Herausgebern der Münchener Geographischen Abhandlungen, Herrn Prof. Dr. H.G. Gierloff-Emden und Herrn Prof. Dr. F. Wilhelm, danke ich für die Aufnahme der Arbeit in diese Reihe.
Mein Dank gilt auch Herrn Dr. S. von Gnielinski für seine umsichtige Arbeit als Schriftleiter.

Das Manuskript wurde im Dezember 1974 abgeschlossen.

Monika Ostheider

INHALT	Seite
Vorwort	I
Inhalt	III
Verzeichnis der Abbildungen	VI
Verzeichnis der Tabellen	X

1.	EINFÜHRUNG	1
2.	ARKTISCHES MEEREIS	5
3.	ÜBERLEGUNGEN ZUR BILDAUSWERTUNG	10
3.1.	Beziehungen zwischen Bild und Gelände	10
3.2.	Informationsgehalt und Interpretation des Bildes	14
4.	BILDMATERIAL	17
4.1.	Aufnahme, Übertragung und Empfang der Bilder	17
4.2.	Geometrie des Bildes	21
4.2.1.	Auflösungsvermögen	22
4.2.2.	Strecken- und Flächenmessung	27
4.2.2.1.	Anzahl der Abtaststreifen und Bildzeilen	27
4.2.2.2.	Strecken senkrecht zur Subsatellitenbahn	30
4.2.2.3.	Strecken parallel zur Subsatellitenbahn	32
4.2.2.4.	Flächenmessung	33
4.2.3.	Geographisches Koordinatennetz	33
4.2.4.	Positionierungs- und Meßfehler	37
4.3.	Grautöne des Bildes	41
4.3.1.	Aufnahme im sichtbaren Teil des Spektrums	41
4.3.2.	Aufnahme im mittleren Infrarot	41
4.3.3.	Zusammenhänge zwischen der Boden-Auflösung und den Bildgrauwerten	46
4.3.3.1.	Beziehung zwischen der Gesamtstrahlung der Boden-Auflösungselemente und den Bildgrautönen bei festem Auflösungsvermögen	47
4.3.3.2.	Beziehung zwischen der Strahlung von Geländeobjekten verschiedener Größe und den Bildgrautönen bei festem Auflösungsvermögen	48

		Seite
4.3.3.3.	Vergleich der Grautondarstellungen desselben Geländeausschnitts bei unterschiedlicher Boden-Auflösung	49
5.	BILDOBJEKTE, OBJEKTKATEGORIEN UND EISPARAMETER; ERTS	50
5.1.	Meereis-Terminologie	50
5.2.	Eisobjekte und Objektkategorien	51
5.3.	Auswahl spezieller Eisparameter	52
5.4.	Erfassung der Parameter mit konventionellen Methoden; Eisdienste, Eiskarten	54
5.5.	Fernerkundungsmethoden; ERTS	60
6.	RAUMFAKTOR	67
6.1.	Ortsbereich des Bildes	67
6.2.	Meereisskalenklassifikation	70
6.3.	Objektidentifizierung im Mikrobereich des VHRR-Bildes	72
6.4.	Objektidentifizierung und Meßgenauigkeit im Makrobereich des VHRR-Bildes	77
7.	SPEKTRALFAKTOR	80
7.1.	Objektidentifizierung im Bild basierend auf Grautonmerkmalen	80
7.2.	Aufnahme im sichtbaren Bereich des Spektrums	82
7.2.1.	Albedo und Grautöne der Bildobjekte im Jahresablauf	83
7.2.2.	Rückstrahlung in verschiedenen Wellenlängenbereichen	88
7.2.3.	Grautonbeeinflussung durch Beleuchtungseffekte	91
7.3.	Infrarot-Aufnahme	92
7.3.1.	Strahlungsverhalten von Meereis, Schnee und Ozean	92
7.3.2.	Einfluß von Umgebungsbedingungen auf die Bildinterpretation	93

		Seite
8.	ZEITFAKTOR	98
8.1.	Erforderliche Aufnahmehäufigkeit bei Wolkenfreiheit	98
8.1.1.	Abhängigkeit vom Positionierungsfehler der Bilder	99
8.1.2.	Anforderungen der zeitvariablen Parameter an die Aufnahmerepetition	99
8.2.	Bewölkung der Ostgrönlandsee	103
8.3.	In VHRR-Bildern erfaßbare Eisparameter	107
9.	TRENNUNG DER BILDOBJEKTE; AUSWERTUNGSBEISPIELE	108
9.1.	Möglichkeiten zur Trennung der Bildobjekte	108
9.1.1.	Meereis und Wasser	108
9.1.2.	Meereis und Land	108
9.1.3.	Meereis und Wolken	109
9.1.4.	Festeis, Treibeis und schwimmendes Landeis	110
9.2.	Exemplarische Behandlung ausgewählter Probleme der räumlich-zeitlichen Meeres-Bestandsaufnahme	111
9.2.1.	Satelliten-Eiskarte	111
9.2.2.	Kartierung der Eisdrift	117
9.3.	Schlußbemerkung	117

Zusammenfassung	120
Verzeichnis der Abkürzungen und Glossar	122
Verzeichnis mathematischer Symbole und Begriffe	124
Literaturverzeichnis	125
Karten- und Bildverzeichnis	138
Anhang	139
English Summary	166

VI

VERZEICHNIS DER ABBILDUNGEN   Seite

Abb. 1: Struktureller Aufbau der Arbeit in   4
         Form eines Flußdiagramms

Abb. 2: Schema der Eisdrift im Nordpolarmeer   8
         und im Ostgrönlandstrom

Abb. 3: Mittlere maximale und minimale Grenze   8
         des arktischen Meereises

Abb. 4: Veranschaulichung der Bildfunktion α 12
         (m = n = 5)

Abb. 5: Venn-Diagramm zur Verdeutlichung der   15
         Mengen-Beziehungen

Abb. 6: Erdumlauf des Satelliten NOAA-2. Die Be-   18
         leuchtungsverhältnisse der Erde sind für
         den Zeitpunkt der Äquinoktien gezeichnet

Abb. 7: Erdabtastung durch die VHR-Radiometer des   18
         Satelliten NOAA-2

Abb. 8: NOAA-2 VHRR-Aufnahme vom 22.8.1973, Rev.   140 Anhang
         3892, 0,6 - 0,7μ und 10,5 - 12,5μ

Abb. 9: NOAA-2 VHRR-Aufnahme vom 22.8.1973, Rev.   141 Anhang
         3893, 0,6 - 0,7μ

Abb. 10: a. NOAA-2 VHRR-Aufnahme vom 22.8.1973,   142 Anhang
            Rev. 3892, 0,6 - 0,7μ

         b. NOAA-2 VHRR-Aufnahme vom 22.8.1973,   143 Anhang
            Rev. 3892, 10,5 - 12,5μ

Abb. 11: NOAA-2 SR-Aufnahme vom 12.6.1973,   144 Anhang
         0,5 - 0,7μ

Abb. 12: NOAA-2 VHRR-Bild vom 12.6.1973, Rev.   145 Anhang
         3003, 0,6 - 0,7μ

Abb. 13: Schnitt in der Abtastebene des Satelliten   23
         NOAA-2. Maßstab 1 : 50 Mio

Abb. 14: Schematisch skizzierter Schnitt in der Ab-   24
         tastebene des Radiometers

Abb. 15: Schematisch skizzierter Schnitt parallel   26
         zur Subsatellitenbahn durch einen Abtast-
         strahl

Abb. 16: Die lineare Abhängigkeit $\alpha^° = 360^° x/L$ 27
         zwischen dem Radiometer-Abweichwinkel α
         und dem Abstand x des Bildpunktes zur
         Subsatellitenbahn

Abb. 17: Graphische Darstellung der Formeln für   29
         A_x, A_y, E_x, I_y

Abb. 18: a. Schematisch skizzierter Schnitt in der   31
            Abtastebene des Radiometers

         b. Strecken und Punkte im Bild

Abb. 19:	Schematisch skizzierter Schnitt in der Abtastebene des Radiometers	32
Abb. 20:	Erdstrecken (in km), die durch die Seiten eines auf das Bild gelegten 4mm-Gitters repräsentiert werden	34
Abb. 21:	Wiedergabe eines auf die Erdoberfläche projizierten 50 km-Gitters in der VHRR-Aufnahme	35
Abb. 22:	NOAA-2 SR-Aufnahme vom 25.3.1973, Rev. 2014, 10,5 - 12,5μ	146 Anhang
Abb. 23:	Koordinatennetz für VHRR-Bilder in Anlehnung an einen NOAA-Entwurf	146 Anhang
Abb. 24:	Streckenmessung parallel zur Subsatellitenbahn.	37
Abb. 25:	Schematischer Ausschnitt aus dem EM-Spektrum	42
Abb. 26:	Gewinnung der Bildinformation im sichtbaren Bereich des Spektrums	43
Abb. 27:	Spektralverteilung der Strahlung eines Schwarzkörpers bei verschiedenen Temperaturen	44
Abb. 28:	a. Strahlungsenergieverteilungskurven f_i, i=1,2,...,mn b. Einteilung von $[p,q]$ in k Teilintervalle	48
Abb. 29:	Luftbilder: AIDJEX Hauptlager (75°N, 150°W), März 1972	147 Anhang
Abb. 30:	Eisnomenklatur der WMO	148 Anhang
Abb. 31:	Aufbau eines Eisüberwachungs-Systems	55
Abb. 32:	Dänische Patrouillen-Eiskarten vom 8.8.1973, Scoresby Sund	149 Anhang
Abb. 33:	Links: Nimbus 5 ESMR-Aufnahmen von Grönland. Rechts: NOAA-2 VHRR-Bilder, 0,6 - 0,7μ	150 Anhang
Abb. 34:	ERTS-Aufnahmen (MSS bulk imagery) vom 25.3.1973, Maßstab 1 : 1 Mio, und Koordinatennetz	151 Anhang
Abb. 35:	ERTS-Aufnahmen (MSS bulk imagery) vom 19.5.1973, Maßstab 1 : 1 Mio, und Koordinatennetz	152 Anhang
Abb. 36:	ERTS-Aufnahmen (MSS bulk imagery) vom 25.6.1973, Maßstab 1 : 1 Mio, und Koordinatennetz	153 Anhang
Abb. 37:	Ausschnitt aus der World Aeronautical Chart, 1 : 1 Mio.- Bl. 18 Germania Land	66
Abb. 38:	Größenmäßige Skalenklassifikation der Meereisparameter	71

Abb. 39:	NOAA-2 VHRR-Aufnahme vom 25.3.1973, Rev. 2014, 10,5 - 12,5 μ	154 Anhang
Abb. 40:	NOAA-2 VHRR-Aufnahme vom 19.5.1973, Rev. 2703, 0,6 - 0,7 μ, mit konstruiertem VHRR-Netz. Overlay: Interpretationsskizze.	155 Anhang
Abb. 41:	NOAA-2 VHRR-Aufnahme vom 25.6.1973, Rev. 3166, 0,6 - 0,7 μ	156 Anhang
Abb. 42:	Detailerkennbarkeit im VHRR-Bild. a. Detailgröße der gerade noch identifizierbaren Eisschollen. Aufnahme vom 25.6.1973 b., c. Erkennbarkeit kleiner Schollen aus den ERTS-Bildern in der VHRR-Aufnahme vom b. 25.6.1973, c. 19.5.1973	73
Abb. 43:	Detailerkennbarkeit im VHRR-Bild. a. Detailgröße der gerade noch identifizierbaren Öffnungen im Eis, Aufnahme vom 19.5.1973 b. Erkennbarkeit kleiner Öffnungen im Eis aus den ERTS-Bildern in der VHRR-Aufnahme vom 19.5.1973	74
Abb. 44:	Detailerkennbarkeit im VHRR-Bild. a. Detailgröße der gerade noch indentifizierbaren Linearstrukturen (Wasser) im Eisgebiet b. Erkennbarkeit schmaler Linearstrukturen (Wasser) im Eisgebiet aus den ERTS-Bildern in den VHRR-Aufnahmen	75
Abb. 45:	Albedo der Oberfläche eines Meereisgebiets in Abhängigkeit von Eis- und Schmelzwasserbedeckung	86
Abb. 46:	Geschätzte Albedo des Ozean-Oberflächenwassers und verschiedener Eistypen	86
Abb. 47:	Subjektiver allgemeiner Grautoneindruck der Aufnahmen im sichtbaren Bereich im Jahresablauf, nach Bildobjekten geordnet	87
Abb. 48:	NOAA-2 VHRR-Bilder vom 5.10.1973, Rev. 4443, 0,6 - 0,7 μ und 10,5 - 12,5 μ	157 Anhang
Abb. 49:	ERTS-Aufnahmen (MSS bulk) vom 28.7.1972 Barrow Strait, Griffith Island, Küste von Cornwallis Island; MSS 4, 5, 6, 7	158 Anhang
Abb. 50:	ERTS-Aufnahmen der Ostgrönlandsee (Randausschnitte von Abb. 35, 36)	160 Anhang
Abb. 51:	Spektrale Rückstrahlung von a. verschiedenen Eistypen, b. dünnem Eis und Wasser	90
Abb. 52:	ERTS-Aufnahmen der Ostgrönlandküste (Randausschnitte von Abb. 34, 35)	161 Anhang
Abb. 53:	Mittlere Strahlungstemperaturen des Ozean-Oberflächenwassers und verschiedener Eistypen a. bei klarem, b. bei bedecktem Himmel	95

Abb. 54:	Kumulative Häufigkeit der Temperaturunterschiede von Luft und Meeresoberfläche	96
Abb. 55:	NOAA-2 VHRR-Aufnahme vom 25.6.1973, Rev. 3166, 10,5 - 12,5 μ	162 Anhang
Abb. 56:	Zusammenhang zwischen Bildrepetition, Driftgeschwindigkeit und Bild-Positionierungsfehler	100
Abb. 57:	Zeit-Skalenklassifikation der Meereisparameter	102
Abb. 58:	Wahrscheinlichkeit des Vorkommens von 5 prozentualen Bewölkungsstufen für jeden Monat in der Arktis, basierend auf a. Bodenstationswerten, b. Satellitendaten	106
Abb. 59:	NOAA-2 VHRR-Aufnahmen vom 18.8.1973, Rev. 3843, a. 0,6 - 0,7μ; b. 10,5 - 12,5μ; c. beide Kanäle übereinanderkopiert	163 Anhang
Abb. 60:	Dänische Patrouillen-Eiskarte vom 18.8.1973, Store Koldewey; Legende auf Seite 165	164 Anhang
Abb. 61:	Norwegische Eiskarte: Eisverhältnisse im nordatlantischen Raum am 18.Mai 1973	112
Abb. 62:	Englische Eiskarte: Eisverhältnisse im nordatlantischen und nordostamerikanischen Raum am 19.Mai 1973	113
Abb. 63:	U.S.-amerikanische Eiskarte (Ausschnitt): Südlicher Eisrand im ostgrönländischen Raum am 26.Juni 1973	114
Abb. 64:	Satelliten-Eiskarte: Eisverhältnisse im ostgrönländischen Raum am 19.Mai 1973. Abphotographiertes Monitorbild	116
Abb. 65:	Kartierung der Eisdrift aus den VHRR-Bildern (Prinzipskizze). Ausgangsposition: 19.5.1973, Endposition: 25.6.1973	118

VERZEICHNIS DER TABELLEN   Seite

Tab. 1:	VHRR-Empfangsanlagen in der Nord-Hemisphäre	20
Tab. 2:	Berechnete Werte von α, A_x, A_y, E_x, I_y für eine Bildzeileneinteilung in Intervalle der Länge 1 mm	28
Tab. 3:	Meßfehleranalyse	38
Tab. 4:	Erdentfernungen $\overline{GF}$ für verschiedene h	40
Tab. 5:	Ausgewählte Eisparameter, assoziierte Bildobjekte und Parameter-Ordnungen	53
Tab. 6:	Dänische Eiserkundungsflüge vor der ostgrönländischen Küste im Jahre 1973	56
Tab. 7:	Eisdienste mehrerer Länder, in deren Überwachungsbereich die Ostgrönlandsee fällt	59
Tab. 8:	Einsatzmöglichkeiten verschiedener Fernerkundungsverfahren	61
Tab. 9:	Albedo (Literaturangaben)	84
Tab. 10:	Schneehöhe auf Festeis und Treibeis	85

1. EINFÜHRUNG

Der praktische Wert von Satellitenbildern liegt insbesondere in der Möglichkeit der Überwachung dynamischer Phänomene an und über der Erdoberfläche, die sich in der Größenordnung von Tagen, Monaten, Jahren im 4-dimensionalen Raum-Zeit-Kontinuum abspielen. So ist es nicht verwunderlich, daß die Bilder von sogenannten Wettersatelliten, die heute mit gutem Recht Umweltsatelliten genannt werden, seit mehreren Jahren in der Wetteranalyse und -prognose einen festen Platz eingenommen haben. Aber nicht nur im meteorologischen Dienst, auch im Eisdienst werden die Satellitenbilder immer mehr verwendet, um die in kurzen Zeitperioden auftretenden großräumigen Änderungen des Meereises zu erfassen. Das Interesse an solchen kryologischen Kenntnissen ist nicht allein wissenschaftlicher Art (Wärme- und Wasserhaushalt der Erde, Klimaschwankungen, Tierverhalten), sondern daneben steht durchaus ein starkes ökonomisch-politisches Informationsbedürfnis (Fischerei, nautische Verkehrsleitung).
Es wird daher als notwendig empfunden, in einer systematischen Untersuchung festzustellen, mit welchem Erfolg diese Bilder in der Meereiserkundung tatsächlich eingesetzt werden können. Um zur Lösung dieses Problems beizutragen, werden in der hier vorgestellten Arbeit die Möglichkeiten der Erkennung und Erfassung von Meereis mit Hilfe von Satellitenbildern abgegrenzt.

Bei einer materialkritischen Analyse ist es sinnvoll, sich auf ein einheitliches Gebiet zu beschränken, da sonst regionale Differenzierungen das Ergebnis beeinflussen könnten. Beispielhaft wurde die Ostgrönlandsee herausgegriffen, die vom geographisch-ozeanographischen Standpunkt her von Bedeutung erscheint, da hier in der breiten atlantischen Austrittspforte des arktischen Beckens stetige Eisabfuhr in Richtung Süden vor sich geht.
Als Basis-Bildmaterial standen für fast jeden Tag des Zeitraums vom 15.3. - 25.11.1973 die von der Bochumer Sternwarte empfangenen VHRR-Bilder des Satelliten NOAA-2 zur Verfügung,

die ein wesentlich besseres Auflösungsvermögen als die Aufnahmen von früheren Wettersatelliten besitzen. Zum Vergleich wurden noch einige vom selben Gebiet und an denselben Tagen aufgenommene ERTS-1 Bilder betrachtet, ferner als Vergleichsmaterial weitere Satelliten- und Luftaufnahmen und verschiedene Eiskarten herangezogen.

Methodisch beschränkt sich die Arbeit auf die klassische Photointerpretation und einfache photographische Verfahren, wobei zur Bildbearbeitung ein Vidikon-Bildanalysator VP-8 zu Hilfe genommen wurde.

Besonderer Wert sollte auf "... die bei vielen Fernerkundungsverfahren leider vernachlässigte quantitative Komponente ..." (LORENZ, 1974, S. 177) gelegt werden. Dazu waren drei Aspekte zu berücksichtigen: das Bildmaterial, die Methoden zur Auswertung dieses Materials und die Fachdisziplin. Das Material und die Methoden mußten also im Hinblick auf die Anwendbarkeit in der Meereisforschung kritisch analysiert werden, so daß hier eine Kombination von rein fachspezifischer und lediglich methodischer Arbeit angestrebt wurde.

Dementsprechend wird im 2. Kapitel zunächst das notwendige fachorientierte Rüstzeug durch einen kurzen Überblick über das arktische Meereis geliefert, während im 3. Kapitel eine neue Betrachtungsweise des Komplexes Satellitenbild-Information-Interpretation vorgestellt wird, auf welcher der weitere gedankliche Aufbau der Arbeit basiert.

Im Mittelpunkt der nachfolgenden Untersuchungen stand das Problem, mit welcher quantitativen Genauigkeit bezüglich der Geometrie, der Grautöne und der Aufnahmeperiode Meereis aus den Bildern kartiert werden kann, wobei auch auf die Auswirkungen von regional veränderlichen äußeren Störfaktoren wie Wolken, Beleuchtungs- und Atmosphärenverhältnisse und Meerestemperaturen eingegangen werden sollte. Demgemäß wird im 4. Kapitel das Bildmaterial gesondert behandelt; sodann werden im 5. Kapitel die zu untersuchenden Eisparameter herausgefiltert und konventionelle wie modernere Verfahren ihrer Erfassung zusammengestellt. Im 6., 7. und 8. Kapitel werden die systemimmanenten Raum-, Spektral- und Zeitfaktoren in ihrer Beziehung zu den Naturgegebenheiten und ihr Einfluß auf die Auswertbarkeit der Bilder betrachtet. Das 9. Kapitel geht auf die Möglichkeiten zur Trennung des Meereises von Wolken, Wasser und Land ein und gibt abschließend einige Auswertungsbeispiele zur räumlich-zeitlichen Meereisbestandsaufnahme (Abb. 1).

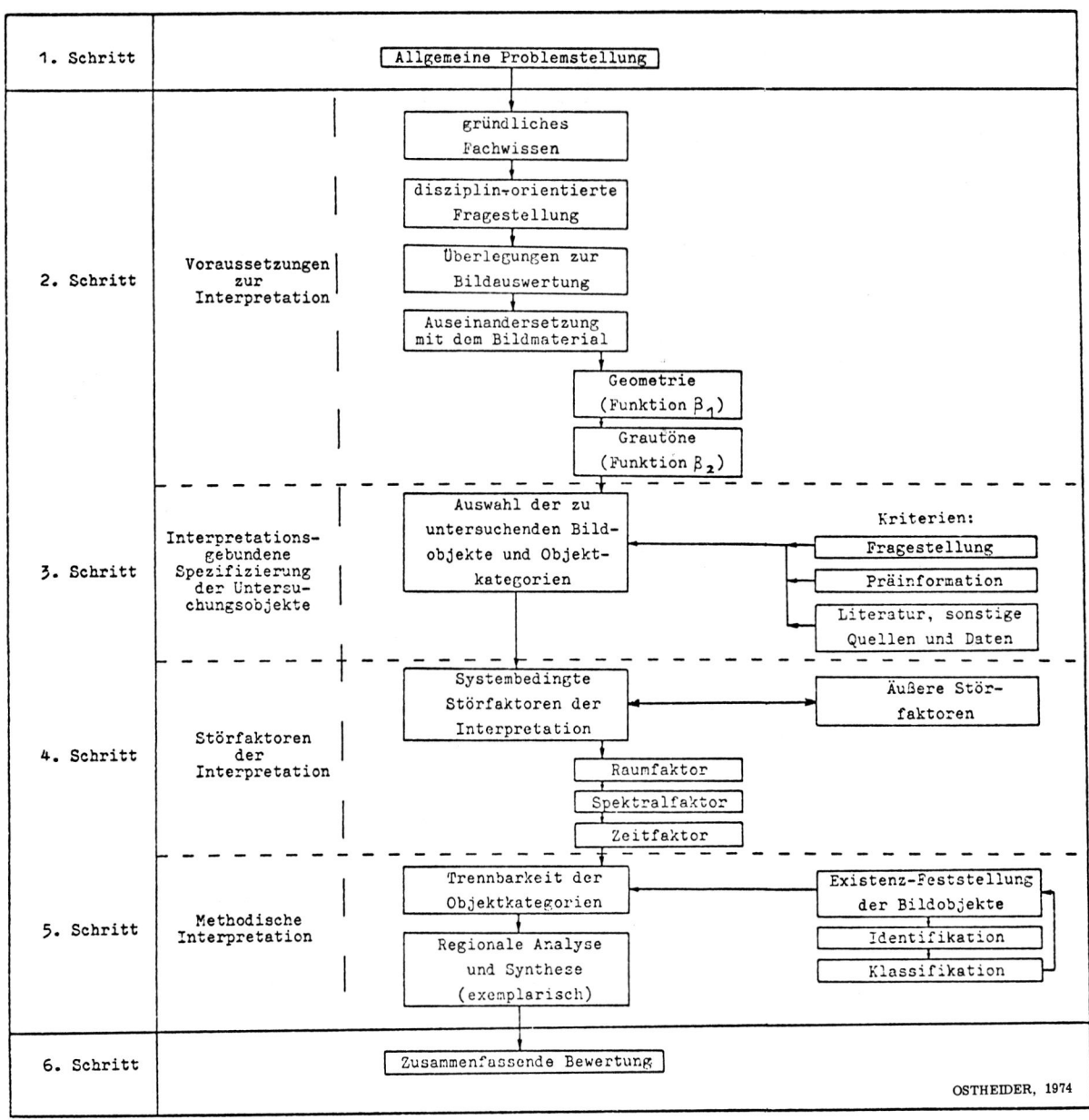

Abb. 1. Struktureller Aufbau der Arbeit in Form eines Flußdiagramms.

2. ARKTISCHES MEEREIS

Entwicklung, Drift und Ausdehnung des Meereises im nordpolaren Bereich

Zusammenfassung

Nach einer kurzgefaßten Darstellung der naturwissenschaftlichen Grundlagen von Entstehung, Entwicklung und Drift des arktischen Meereises und Hinweisen auf die ostgrönländischen Eisfluktuationen mit Bezugnahme auf die einschlägige Literatur wird für die Verwendung der jüngsten Satellitendaten an Stelle älterer Eiskarten plädiert.

Vom eigentlichen Meereis grundsätzlich zu unterscheiden ist das im Meer vorkommende, von einem Gletscher oder Eisschelf abgebrochene Landeis wie z.B. Growler, Eisberge oder Eisinseln, das hier nicht zur Diskussion stehen soll.

Entstehung, Entwicklung und Zerstörung des Eises werden vorwiegend durch den horizontalen und vertikalen Wärmefluß an den Grenzschichten von Atmosphäre, Eis und Ozean gesteuert (UNTERSTEINER, 1963; VOWINCKEL, 1964a). Die bekanntesten Modellvorstellungen zur Eisformation wurden auf der Basis der thermohalinen Wasserstruktur, der Wärmeverlustrate vom Wasser durch das Eis zur Luft, der Schneebedeckung des Eises, der Bodenwindparameter oder auch der Abkühlung durch Evaporation entwickelt (SATER, 1969, S. 31).
MELLOR (1964) geht in seiner Darstellung von einem durchschnittlichen Salzgehalt von 30 - 35 $^o/oo$ des Oberflächenwassers im Nordpolarmeer aus. Mit 35 $^o/oo$ Salzgehalt beginnt das Wasser bei einer Eigentemperatur von $-1,9^oC$ zu gefrieren, erreicht jedoch seine maximale Dichte erst bei $-3,6^oC$.
SATER (1969, S. 43) erwähnt einen Salzgehalt von 28 - 32 $^o/oo$ und einen Gefrierpunkt von $-1,7^oC$ für das arktische Meer. Bei Abkühlung der Meeresoberfläche sinkt das dichter werdende Oberflächenwasser nach unten, so daß bis zu einer gewissen Tiefe ein isothermaler Zustand angestrebt wird. Da aber der Wärmeverlust an der Grenzschicht des Ozeans zur Luft sich oft rascher

vollzieht als der Wärmetransport aufgrund der Konvektionsströmungen im oberen Wasserkörper, kann bereits Eis entstehen, bevor auch die unteren Wasserschichten bis auf den Gefrierpunkt abgekühlt sind.

Zunächst bilden sich frei an der Wasseroberfläche schwimmende Eiskristalle, die in ruhiger See zu einem dünnen Eisfilm, bei stärkerem Einfluß von Wind und Wellen zu einem dickeren Eisbrei zusammenwachsen. Bei weiterem Gefrieren wächst das Eis an seiner Unterseite im Laufe eines Winters bis zu maximal 2 Metern, während gleichzeitig eine Aussüßung durch Salzdiffusion parallel zum Temperaturgradienten nach unten stattfindet (COX, WEEKS, 1973). Bei vorherrschenden mittleren Lufttemperaturen von -30 bis -40°C und einer Wassertemperatur von -1,7°C wirkt das Eis als guter Isolator zwischen Luft und Wasser.

Wenn das Eis die warme Jahreszeit überlebt, setzt sich das Dickenwachstum, kontrolliert durch den Wärmeenergiestrom, mit kontinuierlich abnehmender Geschwindigkeit fort, bis die Eisdecke nach zwei überdauerten Sommern eine Gleichgewichtsdicke von etwa 3 Metern erreicht hat, wobei in der sommerlichen Schmelzperiode an der Oberseite genau so viel Eis abschmilzt (ca. 0,6 - 1,3 m, nach WITTMANN, BURKHART, 1973, S. 130) wie in der Gefrierperiode an der Unterseite hinzukommt. Im Laufe seiner Entwicklung unterliegt das Eis diversen mechanischen und thermodynamischen Kräften (vgl. HIBLER u.a. 1972; PARMERTER, COON, 1973; WEEKS, ASSUR, 1966, 1969), wodurch die Mannigfaltigkeit seines äußeren Erscheinungsbildes betreffend die Umrißformen, Schollengrößen, Deformationsstrukturen, Unter- und Oberseitenrelief hervorgerufen wird.

Eine Unterscheidung ist noch zu treffen zwischen autochthonem Festeis vorwiegend entlang der Küste einerseits und allochthonem, unter dem Einfluß von Wind und Meeresströmen driftendem Treibeis andererseits, welches wiederholt in Eisdecken einfrieren und aufbrechen kann.

Die polaren Randmeere frieren nur im Winter mit zunehmender Kälte zu, wohingegen der arktische Ozean ständig von mehrjährigem Treibeis bedeckt ist, das sich permanent in horizontaler Bewegung befindet. Die flächenhafte Ausdehnung des Eises liegt bei 10^7 km^2 mit einer Fluktuationsbreite von 10% zwischen Sommer und Winter und mit einer mittleren Dicke von 3 - 4 m (CAMPBELL, 1970, S. 60-2; CAMPBELL, MARTIN, 1973, S. 56). Die Drift der Eisdecke resultiert aus einer äußerst komplexen Kombination verschiedener Faktoren, wozu Wind- und Wasserschub, Corioliskraft, Gezeiteneinfluß, Luftdruckgradient, innerer Druck und Widerstand des Eises, Grenzschichtzustand und Neigungsgradient zu zählen sind. Als primäre Bewegungsursache gilt aber schon seit mehr als 65 Jahren[+] der Wind, sekundär wird die Wasserströmung genannt (KOVACS, 1970, S. 2). Eine vertiefte Einsicht in das Problem der Eisdrift erhofft man sich aus den Ergebnissen des umfangreich angelegten AIDJEX-Projektes, mit dessen Durchführung im Frühjahr 1971 begonnen wurde (UNTERSTEINER, 1973).

In großen Zügen sind die Bewegungen des Eises im Nordpolarmeer heute bekannt. Im pazifischen Sektor folgt die langperiodische Eisdrift in Übereinstimmung mit der allgemeinen Luftdruckverteilung einem eigenen geschlossenen antizyklonalen Bewegungsschema (NUSSER, 1960, S. 262; vgl. hierzu ZUBOV, 1945); im übrigen Teil des arktischen Ozeans verläuft der sogenannte transpolare Driftstrom von der UdSSR-Küste über den Nordpol zur nordatlantischen Pforte zwischen Grönland und Spitzbergen und geht hier in den Ostgrönlandstrom über, womit die starke Eisabfuhr gerade in diesem Gebiet zu erklären ist (Abb. 2). "Der Ostgrönlandstrom spielt im wesentlichen nur die Rolle eines aus dem Nordpolarmeer südwärts führenden Förderbandes für Fremdeis, wobei sich die Menge des exportierten polaren Packeises nicht nur jahreszeitlich ändert, sondern auch von Jahr zu Jahr stärkere Schwankungen aufweisen kann." (STRÜBING, 1967, S. 259)

Die hier angesprochenen kurz- und langfristigen Eisvariationen in der Ostgrönlandsee (Abb. 3) wurden im vorhandenen Schrifttum unter verschiedenen Aspekten wiederholt beschrieben, u.a. von AAGARD (1972), BRENNECKE (1904), EINARSSON (1972), FABRICIUS (1961), FROMMEYER (1928), KOCH (1945), MECKING (1909), MEINARDUS (1906), MEYER (1964), OLBRÜCK (1972), RODEWALD (1972), SCHELL (1961), SCHOTT (1904), SIGURDSSON (1969), SKOV (1970), STRÜBING (1967, 1968), VALEUR (1965), VIBE (1967), VINJE (1970/71/72/73), VOWINCKEL (1963, 1964b),

[+] Es sei auf die Werke von W. EKMAN und F. NANSEN verwiesen.

WALDEN (1966). Auf einige dieser Werke geht SKOV (1970) in einem längeren Literaturüberblick näher ein. Auch sei auf seine ausführliche Bibliographie verwiesen.

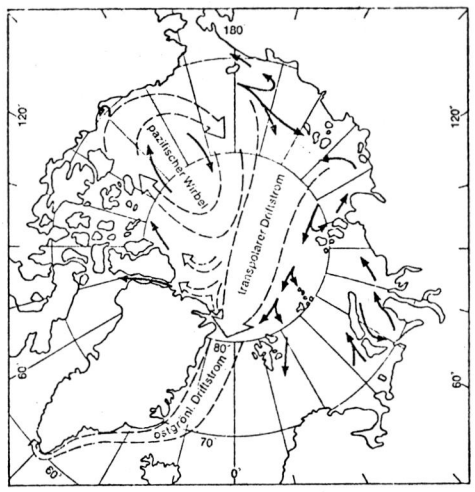

Abb. 2. Schema der Eisdrift im Nordpolarmeer und im Ostgrönlandstrom (aus: STRÜBING, 1968).

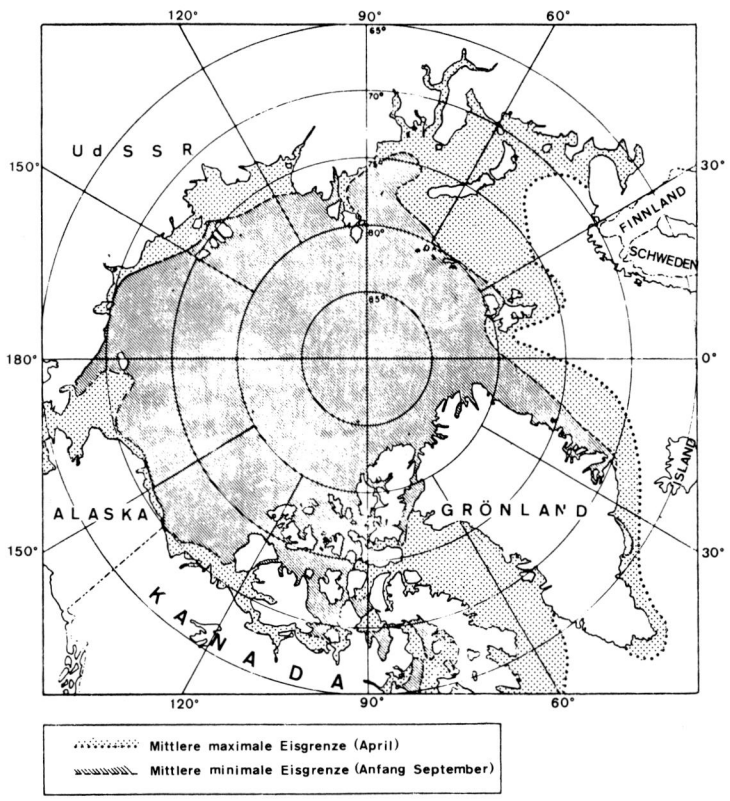

Abb. 3. Mittlere maximale und minimale Grenze des arktischen Meereises (nach: MELLOR, 1964).

Als Datenmaterial zur Gewinnung von Mittelwerten und Überblicks-Typisierungen insbesondere bezüglich der Eisrandlagen werden in den genannten Arbeiten vielfach die seit 1877 vorliegenden Eiskarten des Dänischen Meteorologischen Instituts verwendet, deren Bedeutung als historisch wertvolle Aufzeichnungen zwar hervorzuheben ist, auf die aber wegen der limitierten Beobachtungsmöglichkeiten früherer Zeiten erst seit Einrichtung der Eiserkundungsflüge im Jahre 1959 wirklich Verlaß sein dürfte.

Jedoch nicht nur wegen der Unsicherheit der älteren Daten und ihrer begrenzten Vergleichbarkeit erscheint eine Mittelwertbildung fraglich; auch bei der Analyse von Ursache-Wirkung-Beziehungen oder von Interdependenzen mehrerer Faktoren wäre ihre Verwendung wegen der Abschwächung aller Extremwerte nur dann gerechtfertigt, falls die einzelnen Werte vom mittleren nicht zu sehr abweichen oder falls tatsächlich eine große statistische Datenmenge vorliegen würde. Beides trifft im Falle der Eisführung des Ostgrönlandstromes nicht zu.

Die Datenlücke allerdings konnte seit Beginn des Wettersatelliteneinsatzes im Jahre 1960 bis heute teilweise geschlossen werden, nur fehlt es immer noch an einer sichtenden systematischen Auswertung dieses Materials im Hinblick auf das Eisrégime, was zum großen Teil durch Beschaffungs- und Handhabungsschwierigkeiten der Bilder zu erklären ist. Gerade in dieser Hinsicht möchte die vorliegende Arbeit eine Hilfestellung für zukünftige Untersuchungen leisten.

Anmerkung: Die Grönlandsee soll hier im Sinne der "Weltkarte 1:40 Mio, Namen und nautische Grenzen der Ozeane und Meere, Nr. 2806", herausgegeben vom DHI Hamburg, neue Ausgabe 1967, VII, abgegrenzt sein.

3. ÜBERLEGUNGEN ZUR BILDAUSWERTUNG

Zusammenfassung

Der gedankliche Rahmen der weiteren Arbeit wird durch eine neue mathematisch-schematische Betrachtungsweise der Beziehungen zwischen Bild und Gelände abgesteckt. Dabei werden mittels der hier eingeführten Bildfunktion α zwei getrennt zu analysierende Teilfunktionen ausgesondert, die eine Beschreibung der bildlichen Wiedergabe von Szenen am Erdboden hinsichtlich der Geometrie und Grautöne erlauben. Nach einer Verallgemeinerung von α durch Einbeziehung auch der Zeitdimension wird eine Unterscheidung getroffen zwischen Punkten des 3-dimensionalen Raumes als primärer und den interessierenden Bildobjekten als sekundärer Bildinformation, wobei letztere vor der Interpretation wiederum in Objektkategorien separiert werden.

3.1. Beziehungen zwischen Bild und Gelände

Der fachbezogene Benutzer von Satellitenbildern ist vor die Aufgabe gestellt, für seine speziellen Studien ein Produkt zu verwenden, auf dessen Herstellung er i.a. überhaupt keinen Einfluß ausgeübt hat; er befindet sich in der Lage eines Experimentators, dem der Aufbau seines Experiments durch äußere Notwendigkeiten aufoktroyiert wurde. Bevor er also mit der eigentlichen Interpretation beginnt, muß er sich unbedingt mit dem Bildmaterial soweit vertraut machen, daß ihm später keinesfalls Vorwürfe wegen falschen Gebrauchs desselben und sachlich unrichtiger Folgerungen gemacht werden können. Eine große Schwierigkeit besteht darin, daß das richtige Deuten der Resultate moderner Fernerkundungsmethoden meistens erhebliche technische und physikalische Kenntnisse voraussetzt. Bereits 1966 sprach HAEFNER von dem nicht leicht überbrückbaren Graben zwischen Herstellern und Benutzern, der sich in den Jahren danach sicher noch erweitert haben dürfte.

Der Sinn des Einsatzes von Satellitenbildern in der Erderkundung ist im Festhalten und Sichtbarmachen eines Bereiches unserer physischen erdgebundenen Umwelt zu sehen, wobei die Aufnahme als das objektive Zustandsbild eines Ausschnittes der Erdoberfläche zum Zeitpunkt der Herstellung, somit als historisches Dokument betrachtet werden kann. Es sind darin dauerhafte und vergängliche Zustände ebenso wie zur Beantwortung der Fragestellung wichtige und nebensächliche Landschaftselemente dargestellt. Dem Geowissenschaftler seinerseits obliegt es, das fixierte Stück Realität herauszufiltern und in seine wissenschaftliche Gesamtschau einzufügen, soweit damit neue Erkenntnisse gewonnen werden. Ein Interpret kann dabei aus der Beschreibung von physiognomischen Elementen auch räumliche, funktionale und genetische Beziehungen aufdecken und erklären. Aufgrund der vorteilhaften Periodizität der Bildgewinnung von Satelliten aus besteht die Möglichkeit der quantitativen Erfassung von zeitlichen Veränderungen im Landschaftsausschnitt durch wiederholte Aufnahme in unterschiedlich festlegbaren Zeitabständen.

Die Objekte unserer von der Sonne beleuchteten Umgebung sind Quellen kontinuierlicher elektromagnetischer Strahlungsenergie, sei es in Form von direkt zurückgeworfener Sonnenstrahlung im reflektiven Bereich des Spektrums, sei es als absorbierte und dann emittierte Energie oberhalb von $3,5\mu$. Diese ursprünglichen Geländeinformationen werden von der Erde durch die Atmosphäre, welche die existierenden Energie-Unterschiede modifizieren kann, zum passiven Aufnahmesystem im Satelliten übertragen, wo die verschiedenen Intensitäten der abgetasteten Erdoberflächenpunkte im gewählten bildwirksamen Wellenlängenbereich des Sensors auf gerätespezifische Weise gespeichert werden. Das Bild ist demnach nichts anderes als "...eine Meßreihe von Strahlungswerten, die entsprechend zeitlich [bezieht sich speziell auf Bilder von Abtastradiometern, wie z.B. VHRR-Aufnahmen; d. Verf.] und räumlich geordnet und aufgezeichnet ein Strahlungsbild darstellen." (ERNST, 1973, S.25) Die Energie-Variationen äußern sich graphisch als Grautondifferenzen, die somit die räumliche Verteilung der Strahlung im abgebildeten Gelände widerspiegeln.
Das Satellitenbild ist letztlich das Endergebnis eines komplizierten physikalisch-chemisch-technischen Vorgangs.
Eine etwas andere, im Folgenden vorgestellte mathematisch-schematischere Betrachtungsweise erlaubt es, den Bezug herzustellen zwischen der aufnahmetechnischen Wiedergabe und der auszusondierenden physischen Wirklichkeit des Geländeausschnitts.

Die Bodenauflösung des Sensors sei ein Quadrat mit der Seitenlänge von a Metern. Das betrachtete Bild B repräsentiere einen rechteckigen Geländeausschnitt G mit den Ausmaßen ma und na (m,n $\in \mathbb{N}$), also der Fläche ma · na = mna^2 qm (Abb. 4). G stellt eine Matrix von mn Boden-Auflösungselementen A_i (i = 1,...,mn) dar, die als Teile der idealisierten 2-dimensionalen Erdoberfläche (Höhenkoordinate z kann bei dieser Überlegung vernachlässigt werden) durch die geographischen Netzkoordinaten λ_i, φ_i ihrer Schwerpunkte lagemäßig festgelegt sind.

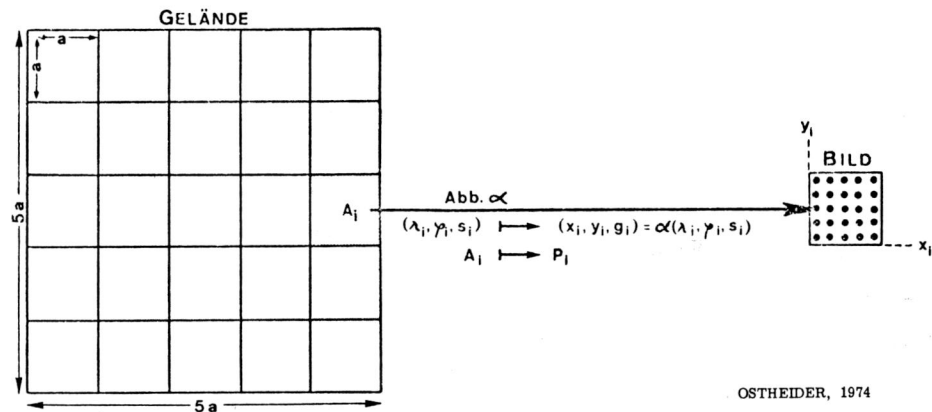

Abb. 4. Veranschaulichung der Bildfunktion $\propto$ (m = n = 5).

Im bildwirksamen Spektralbereich S des Aufnahmesystems sei s_i (i = 1,...,mn) die reflektierte beziehungsweise emittierte Gesamtstrahlungsenergie des Bodenelements A_i. Dann wird der Geländeabschnitt G im Hinblick auf seine Abbildung vollständig als folgende Teilmenge des 3-dimensionalen reellen Raumes $\mathbb{R}^3$ beschrieben:

$$G = \left\{ (\lambda_i, \varphi_i, s_i) \,\middle/\, \begin{array}{l} \lambda_i, \varphi_i = \text{geogr. Koord. d. Bodenelements } A_i, \\ s_i = \text{Intensität der Gesamtstrahlung v.} \\ A_i \text{ im Spektralbereich S, i=1,..,mn} \end{array} \right\}$$

Das Bild setzt sich aus einer endlichen Anzahl von winzigen flächenhaften Elementen zusammen, die man in Approximation als 'Punkte' ansprechen kann und die matrixartig angeordnet sind. Für jedes i sei nun P_i der Bildpunkt in B von A_i, i = 1,...,mn. Jedes P_i wird charakterisiert durch drei Koordinaten: x_i = horizontale, y_i = vertikale Lage im Bild B (bezogen auf ein willkürlich gewähltes Referenzsystem) und

g_i = Grautonwert (Densität) im Punkte P_i. Insgesamt gilt also die Darstellung:

$$B = \left\{ (x_i, y_i, g_i) \,\middle/\, \begin{array}{l} x_i, y_i = \text{Bild-Lagekoord. v. } P_i \\ g_i = \text{Grauton v. } P_i, \; i=1,..,mn \end{array} \right\} \subset \mathbb{R}^3$$

Zwischen G und B besteht nun eine eineindeutige Beziehung, d.h. es existiert eine bijektive Abbildung $\alpha: G \rightarrow B$, die 'Bildfunktion', definiert durch $(\lambda_i, \varphi_i, s_i) \mapsto (x_i, y_i, g_i)$.
Die bei einer Bildauswertung zunächst zu bewältigende Aufgabe der Realitätsherausfilterung ist nichts anderes als die Rekonstruktion des Urbildes G von B, also die Bestimmung der zu α inversen Abbildung $\beta: B \rightarrow G$, erklärt durch $(x_i, y_i, g_i) \mapsto (\lambda_i, \varphi_i, s_i)$.
Häufig wird β in zwei Teilfunktionen β_1 und β_2 getrennt und in verschiedenen Fachdisziplinen behandelt. β_1 beschreibt, wo (Geometrie) und β_2 wie (Grautöne) ein Erdgegenstand im Bild dargestellt ist.
Die Photogrammetrie beschäftigt sich mit dem Auffinden der Abbildung $\beta_1 : (x_i, y_i) \mapsto (\lambda_i, \varphi_i)$, wodurch ein mathematisches Modell zur Darlegung der geometrischen Beziehungen zwischen Gelände und Aufnahme geliefert wird. Diese Aufgabe darf als weitgehend gelöst bzw. lösbar angesehen werden.
Die Ableitung der Funktion $\beta_2 : g_i \mapsto s_i$ wurde bisher schon in diversen Fachbereichen mit unterschiedlichen Methoden (Densitätsmessungen und Korrelation mit sonstigen Daten) versucht. Die analytische Darstellung der Abbildung würde quantitative Rückschlüsse von den Bildgrauwerten auf die Strahlungsenergie der Geländeobjekte erlauben. Diese Aufgabe kann wohl als bisher nicht zufriedenstellend erfüllt und vermutlich sogar als nicht vollständig lösbar betrachtet werden, da die hierbei zu untersuchenden Natur-Beziehungen sich äußerst komplex gestalten. Andererseits bilden natürlich Grautonanalysen die Grundlage der von der Sache her stets qualitativen Interpretation.
Als Resümee ist festzuhalten, daß sich der bildinterpretierende Fachwissenschaftler um ein Verständnis der Funktionen β_1 und β_2 bemühen muß. Für das vorliegende Bildmaterial wird dieser Forderung im 4. Kapitel nachgegangen.
In der Literatur findet man häufig die Grautöne in einer Relation $g_i = f(x_i, y_i)$ zu den Bildkoordinaten als Fläche im

3-dimensionalen Modell dargestellt. Diese Betrachtungsweise mag für Einzelbildanalysen als sprachliche Kurzfassung und zur simplen Punktkennzeichnung praktischen Wert besitzen, ihr liegt jedoch keine tatsächliche funktional-ursächliche Abhängigkeit zugrunde, wie eine zeitliche Serie gleichgearteter Bilder desselben Geländeausschnitts verdeutlicht. Hierbei sind die Koordinaten der Punkte in Bezug auf ein einzelnes Bild konstant geblieben, während die Grauwerte mit den sich verändernden Strahlungseigenschaften des Geländes von Aufnahme zu Aufnahme differieren können. Bei zwei simultan hergestellten teilweise überlappenden Bildern dagegen unterscheiden sich die Koordinaten der Bildpunkte im Überdeckungsbereich, wohingegen deren Grauwerte im Idealfall übereinstimmen. Daher wurde hier zur allgemeingültigen Charakterisierung der Gelände-Bild-Beziehung die universelle Funktion α eingeführt, die nun noch einer Erweiterung im Hinblick auf eine zeitliche Bildserie bedarf.

Es sei eine periodische Serie von k Bildern B_k (k = 1,...,z; k $\in$ $\mathbb{N}$) vom jeweils zugehörigen Geländezustand G_k vorhanden wie bei den vorliegenden VHRR-Aufnahmen. Dann kann man α verallgemeinern zu einer Folge von Bild-Zeit-Funktionen $\alpha_k : G_k \rightarrow B_k$ definiert durch
$(\lambda_{k,i}, \varphi_{k,i}, s_{k,i}, t_k) \mapsto (x_{k,i}, y_{k,i}, g_{k,i}, t_k)$, wobei t_k der Aufnahmemoment von G_k sein soll. Die Zeitfunktion $t_k \mapsto t_k$ ist dabei die identische Abbildung, da ohne Einschränkung die Bild-Aufzeichnungsdauer von ca. 16 Minuten als ein Zeitpunkt betrachtet werden kann. Eine einzelne Satellitenaufnahme bildet also einen Schnitt im 4-dimensionalen Raum-Zeit-Spektrum-Kontinuum bei konstanter Zeitvariablen. Die Feststellung, daß für jedes k $t_k \mapsto t_k$ die identische Abbildung ist, die Zeitdimension durch das Bild nicht verändert wird, mag trivial klingen; man sollte es sich trotzdem klarmachen, da dies z.B. für astronomische Aufnahmen keineswegs mehr zutrifft.

3.2. Informationsgehalt und Interpretation des Bildes

Es wurde festgestellt, daß das Bild B als Menge von Tripeln (x_i, y_i, g_i) aufgefaßt werden kann, die als objektive 'primäre Bildinformation' bezeichnet werden soll. Durch die spezielle Konstellation der Punkte und deren Grautondifferenzen entstehen gewisse Bildobjekte (= Bildsignaturen), wodurch der Betrachter überhaupt erst in die Lage versetzt wird, das abgebildete Gelände in der Aufnahme visuell wiederzuerkennen und zu interpretieren. Den optischen Wahrnehmungsprozeß und damit zusammenhängende Fragen analysiert ALBERTZ (1970) in seiner grundlegenden Arbeit.

Die Menge aller Bildobjekte heiße A; sie ist eine Teilmenge der Potenzmenge P von B (P = Menge aller Teilmengen von B) (Abb. 5).

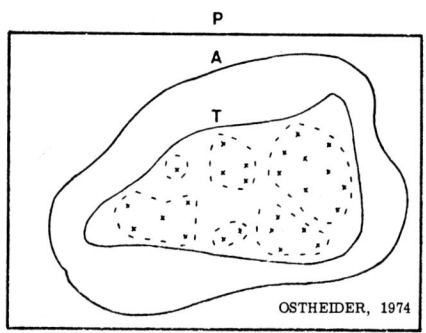

Abb. 5. Venn-Diagramm zur Verdeutlichung der Mengen-Beziehungen.

  P = Potenzmenge von B,
  A = Menge aller Bildobjekte,
  T = Menge der zu untersuchenden Bildobjekte,
  $\langle \ldots \rangle$ = Objektkategorie,
  x = Bildobjekt.

Das Ziel einer Interpretation ist keinesfalls die Erfassung des vollen Datengehalts des Bildes; stattdessen wird je nach der fachlichen Fragestellung eine Auswahl der gewünschten und nicht redundanten Information getroffen und die irrelevante Information ignoriert. Beispielsweise klassifiziert der eine Interpret 'Baum' als Bildsignatur, während der andere erst 'Wald' als solche ansieht. Es wird daher vom Interpreten nicht die Menge A betrachtet, sondern eine nach subjektiven interpretationsgebundenen Kriterien ausgesonderte Teilmenge T davon. Die Definition von T, also die Auswahl der interessierenden Bildobjekte, geschieht vollkommen willkürlich und variiert ebenfalls mit der angewandten Auswertemethode. T soll als 'sekundäre Bildinformation' benannt werden.

Der geschilderte Sachverhalt kann als Kette dargestellt werden: $T \subset A \subset P$.

Liegen zwei Abbildungen B_1, B_2 desselben Geländeausschnitts vor, so ist B_1 genau dann 'informationsreicher' als B_2, wenn das Urbild von B_1 exakter rekonstruierbar ist als dasjenige von B_2. Als Gründe dafür kommen u.a. höheres Auflösungsvermögen, bessere Bildqualität, anderer Spektralbereich bei B_1 in Betracht.

Zunächst muß man von den Elementen aus T, den diskreten Objekten, die bloße Existenz im Bild feststellen, ehe sie im Vergleich mit Modellvorstellungen identifiziert und durch eine ja/nein-Entscheidung einer Objektkategorie zugeordnet werden können. Die einzelnen Kategorien müssen nach ganz bestimmten Kriterien eindeutig voneinander separabel sein. Bei der Trennung sollte man von den leicht zu sortierenden Signaturen sequentiell zu den komplizierteren voranschreiten und ggf. eine iterative Methode anwenden. Erst dann läßt sich die Interpretation als zielgerechte Analyse des Bildinhalts in Angriff nehmen. "Die Aufgabe der Photointerpretation... besteht... nicht nur im Deuten der in Bildern vorhandenen Bild-Gestalten, sie soll vielmehr einen bestimmten Sachverhalt erkennen oder erforschen." (SCHMIDT-FALKENBERG, 1970, S. 313)

Erkennung und Identifikation basieren hauptsächlich auf den visuellen Grautonkontrasten zwischen einer Signatur und ihrem Bildhintergrund. Beim Identifikationsprozeß werden zusätzliche Faktoren wie Umrißformen, Größe, Lage, Relation zur Objektumgebung, Anordnung und Verteilung mehrerer Signaturen (z.B. Texturen) herangezogen. (vgl. hierzu GIERLOFF-EMDEN, RUST, 1971)

Auf die Methodik der Interpretation und Verfahren der Bildinhaltsanalyse soll hier nicht weiter eingegangen werden, weil dazu eine umfangreiche Literatur zur Verfügung steht, in deutscher Sprache z.B. die Werke von GIERLOFF-EMDEN, SCHROEDER-LANZ (1970/71); SCHMIDT-KRAEPELIN (1958, 1968); SCHNEIDER (1974).

4. BILDMATERIAL

Zusammenfassung

Nach einem Abriß über die wichtigsten physikalisch-technischen Grundlagen des NOAA-2 VHRR-Empfangssystems, deren Kenntnis zur sachgemäßen Verwendung der Bilder wichtig erscheint, werden Formeln zum Auflösungsvermögen und zur Strecken- und Flächenmessung abgeleitet und graphisch dargestellt. Die Analyse der Bildgeometrie (Funktion β_1, vgl. 3. Kap.) zeigte insbesondere den Weg, wie ein eigens für die vorliegenden Aufnahmen geeignetes geographisches Koordinatennetz zu konstruieren war. Dieses Netz ermöglicht Lagebestimmungen von Bildpunkten mit nur minimalem Meßfehler.
Im Hinblick auf die Grautöne (Funktion β_2, vgl. 3. Kap.) mußte geklärt werden, was das Radiometer überhaupt mißt und wie das Gemessene im Bild durch Densitäten wiedergegeben wird, um die Interpretationsmöglichkeiten abzugrenzen. Es ergab sich, daß sowohl im sichtbaren wie im infraroten Bereich nur qualitative Grautonaussagen gegeben sind. Zum Schluß wird auf häufig nicht beachtete Zusammenhänge zwischen der geometrischen Auflösung und den Grauwerten eingegangen.

4.1. Aufnahme, Übertragung und Empfang der Bilder

Am 15. Oktober 1972 wurde der Satellit NOAA-2 (bis zum Start "ITOS D" genannt) in eine elliptische erdfokussierte, nahezu kreisförmige Umlaufbahn mit einer Apogäums- bzw. Perigäumshöhe von 787 nm (= 1454 km) bzw. 782 nm (= 1448 km) über der Erdoberfläche befördert. Die Dauer eines Umlaufs beträgt 115,01 Min., wobei die Bahn durch die Inklination von 101,7° quasipolar verläuft (Abb. 6). Der Äquatordurchgang von Norden nach Süden erfolgt stets zur lokalen Ortszeit 8:50, der von Süden nach Norden um 20:50, d.h. die Bahn ist sonnensynchron. (NOAA/NESS, 1973, APT Inf. Note 73-2)
Der Satellit selbst besteht aus einer kompakten quaderförmigen Zelle (102 x 102 x 145 cm^3), an deren Basisseite die beiden VHR-Abtastradiometer anmontiert sind (Abb. 7). Durch geeignete gyromagnetische Stabilisierung bleibt die Lage des Satelliten erdorientiert; seine Hochachse und - dem technischen Aufbau entsprechend - auch die Radiometerachsen sind daher während des Fluges stets zur Erdmitte ausgerichtet. Durch den maximalen Querachsen-Lagefehler von $\pm$ 1/2° und langsame Torkelbewegungen von Hoch- und Längsachse, die vom

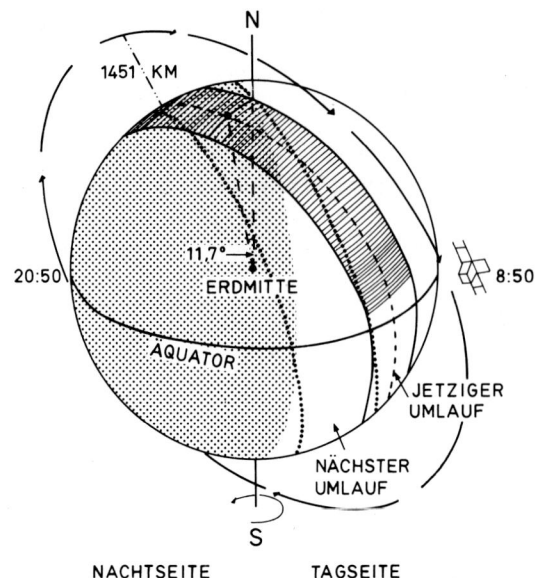

Abb. 6. Erdumlauf des Satelliten NOAA-2. Die Beleuchtungs-
verhältnisse der Erde sind für den Zeitpunkt der
Äquinoktien gezeichnet.
(Umgezeichnet nach NASA, GSFC, 1970a, S. 23)

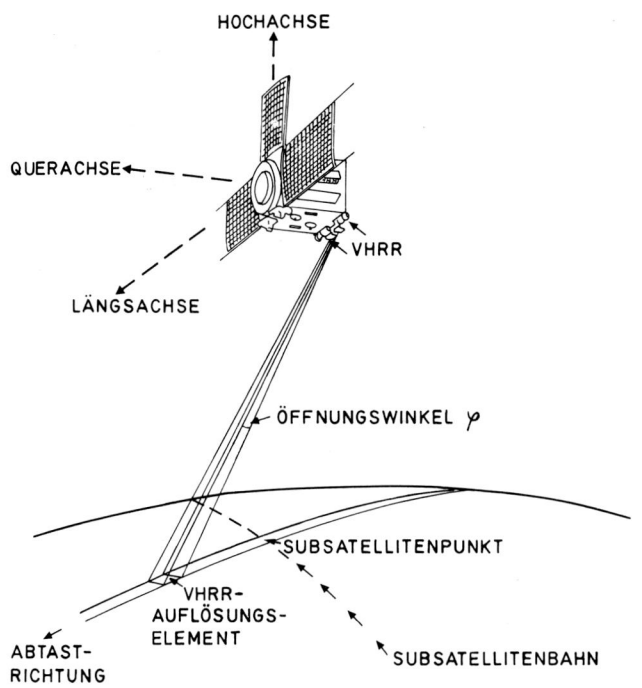

Abb. 7. Erdabtastung durch die VHR-Radiometer des Satelliten
NOAA-2.
(Umgezeichnet nach SCHWALB, 1972).

Erdmagnetfeld hervorgerufen werden, können sich geringe Abweichungen von einer exakten Erdorientiertheit ergeben.
(ALBERT, 1968; SCHNAPF, 1970; SCHWALB, 1972)

Aufbau und Arbeitsweise der zwei VHR-Radiometer unterscheiden sich nur in Details von denen der hochauflösenden Abtastradiometer, die in der Literatur wiederholt beschrieben worden sind.
(vgl. hierzu z.B. ABEL, SIEBECKER, 1971; MIOSGA, 1969)

Der Spiegel eines Radiometers tastet die Erdoberfläche mit einer konstanten Winkelgeschwindigkeit von 400 Umdrehungen pro Minute in Streifen senkrecht zur Subsatellitenbahn, der Verbindungslinie aller Satellitenfußpunkte, ab. Durch die Vorwärtsbewegung des Satelliten auf seiner Bahn wird Streifen an Streifen gereiht und so zeilenförmig die Erde aufgenommen. Die auf den Spiegel fallende Strahlungsenergie wird im Teleskop gebüschelt; anschließend werden durch Bandpassfilter die zwei gewünschten Spektralbänder von 0,6 - 0,7 μ (Rot) im sichtbaren Bereich und von 10,5 - 12,5 μ im mittleren IR-Bereich ausgesondert und jedes auf einen Detektor geleitet, der die auf ihn fallende Strahlungsenergie in ein analoges elektrisches Signal umwandelt.

Jedes der beiden im Satelliten angebrachten VHR-Radiometer stellt somit ein optisch-mechanisches 2-Kanal-Abtastgerät dar, welches simultan Aufnahmen in zwei Spektralbändern liefern kann. Aus technischen Gründen wird allerdings nur jeweils ein Kanal der beiden genau um $180°$ phasenverschoben arbeitenden Geräte ausgenutzt: zunächst wird vom ersten Radiometer das Signal für den Erdscan im sichtbaren Bereich, eine halbe Spiegelumdrehung später vom zweiten Gerät dasjenige für den IR-Bereich 'real time' zur Erde gefunkt (Abb. 8, Anhang), wo es mit geeigneten Antennen empfangen werden kann, soweit es in die Antennenreichweite einer Bodenstation fällt. (ALBERT, 1969; SCHWALB, 1972) (Tab. 1) Zusätzlich können die Analogsignale im Satelliten auf Magnetband gespeichert und später von den drei CDA-Stationen in U.S.A. auf Band abgerufen werden, so daß in der Daten-Sammelstelle in Suitland, Md., Bilder von allen interessierenden Gebieten der Erdoberfläche erhalten werden können. Nach mündlicher Mitteilung von R.S. WILLIAMS, U.S.G.S. (Sept. 1974), genießen allerdings die

Staat	Ort, Organis.	Routine-Empfang	Geplant	Ostgrönlandsee im Empfangsbereich (von bestehenden Stationen)
U.S.A.	Wallops Island, Va.	x		– (Band)
	Gilmore Creek, Alaska	x		– "
	Goldstone, Calif. (NOAA)	x		– "
BRD	Sternwarte Bochum	x		x
	FU Berlin		x	
	DWD Offenbach		x	
Frankreich	C.E.M.S., Lannion	x nicht tgl.		x
Dänemark	Dansk Met. Inst.		x	
Japan	Met. Dienst		x	
Schottland	Univ. Dundee		x	

OSTHEIDER, 1974

Tab. 1. VHRR-Empfangsanlagen in der Nord-Hemisphäre.
Stand: Ende Februar 1974, nach diversen Quellen zusammengestellt von OSTHEIDER.

Antarktis und die Beaufort See Aufnahmepriorität; da außerdem die Bandspeicherungskapazität des Satelliten auf 8,5 Minuten begrenzt ist, liegt bei der NOAA nur eine lückenhafte Serie von VHRR-Bildern der Ostgrönlandsee vor und zwar in Form von Filmabzügen, da die ursprünglichen Bandaufzeichnungen nach zwei Wochen gelöscht werden.

Ausführliche Beschreibungen der Arbeitsweisen von Empfangsanlagen finden sich in ERNST (1973); VERMILLION (1969); WIENER (1967).– Die Sternwarte Bochum zeichnet die VHRR-Bilder seit März 1973 täglich operationell auf bei einer Empfangsreichweite bis in Nordpolnähe. (vgl. ECKARDT, HAUPT, 1972, Abb.5).

Die Signale werden von der Bochumer Antenne dem Bildschreiber
(HELL TM-830/832) zugeführt, wo sie eine Gasentladungslampe
speisen, deren Lichtstärke mit den Signalen schwankt und die
mit konstanter Drehgeschwindigkeit als Lichtgriffel zur -
analog der Erdabtastung durchgeführten - zeilenweisen Belichtung eines Photonegativpapiers verwendet wird. Aus der Aufzeichnungsfeinheit von 42 Linien pro Millimeter Film und der
Ausdrucksrate von 400 Zeilen pro Minute berechnen sich eine
Linienbreite von 0,024 mm und ein Filmvorschub von etwa
400 x 0,024 = 9,524 mm pro Minute. Bei einer durchschnittlichen Gesamtaufnahmezeit von 16 Minuten je Satellitendurchgang
(maximal 22 Min.) wird das HELL-Filmformat von 16,5 x 16,5 cm^2
gut ausgenutzt.

Der beim Bildsignal-Empfang auftretende Dopplereffekt kann
aufgrund der zu langsamen mechanischen Steuerung der Bochumer
Empfangsoptik nicht ausgeglichen werden; als unangenehme
Nebenerscheinung tritt eine Krümmung der Bilder in Längsrichtung (= Subsatellitenbahn-Richtung) auf (Abb. 8). Diese Ver-
zerrung ist bei den von der U.S.-Behörde NOAA und den von der
französischen Station in Lannion aufgenommenen Exemplaren (Abb.
9,10,Anhang) nicht zu finden, da dort für die Filmbelichtung
ein Laserstrahl-Aufzeichnungsgerät verwendet wird, wodurch
jegliche mechanische Steuerung entfällt.

Insgesamt gesehen kann die Gewinnung der VHRR-Aufnahmen als
optisch-mechanisch-elektrisch-photographischer Informations-
übertragungsvorgang gekennzeichnet werden.

4.2. Geometrie des Bildes

Die Güte der Informationsgewinnung aus einem Satellitenbild
hängt ganz wesentlich ab von der Kenntnis seiner Auflösung,
seines Maßstabs und der Positionierung der Bildpunkte bezüglich eines Referenzsystems, wie bei DOYLE (1972) und SCHWI-
DEFSKY (1958) näher ausgeführt wird. Daher soll im Folgenden
die spezielle Scan-Geometrie der vorliegenden Bilder - z.B.
die offensichtliche Stauchung nach beiden Längsseiten zum Horizont hin (Abb.8, Anhang) - genauer analysiert werden, um
eine Abgrenzung der in Frage kommenden quantitativen Auswer-
tungsmethoden vornehmen zu können und Unterlagen für die Bildmessung zu liefern.

In ECKARDT, HAUPT (1972) sind die Vor- und Nachteile des

radiometrischen Abtastverfahrens gegenüber dem bisherigen
photographischen Verfahren besonders im Hinblick auf die unterschiedlichen Verzerrungen zusammengestellt. Als bisher ungelöstes Problem stellt sich die Entzerrung der Bilder dar,
wobei darunter die punktweise Umwandlung der Aufnahmen in ein
einer Karte ähnliches Bild, dem eine andere mathematisch-geometrische Modellvorstellung zugrunde liegt, verstanden werden
soll. Selbst die Behörde NOAA kann nur optische Teilentzerrungen durchführen: "The only means we have of rectifying,
one portion at a time, the VHRR images is by an optical
device known as a Zoom Transfer Scope and landmarks."
(McCLAIN, 1974)
NOAA-2 Scanning Radiometer-Aufnahmen, die sich von den VHRR-Bildern i.w. nur durch das geringere Auflösungsvermögen und die
daher kleinere Datenrate unterscheiden, werden an der Universität von Dundee nach einem dort entwickelten System zwischen $\pm 20°$ des zugehörigen geozentrischen Winkels linearisiert. Ein Beispiel hierfür ist in Abb. 11 im Anhang dargestellt; zum Vergleich zeigt Abb. 12 (Anhang) ein Bochumer
VHRR-Bild vom selben Tag. Ähnliche Entzerrungsversuche plant
man in Dundee auch für VHRR-Aufnahmen (BAYLIS, 1974).

4.2.1. Auflösungsvermögen

Die Detektorengröße liefert für beide Spektralbänder einen
Öffnungswinkel bzw. eine Winkelauflösung (IFOV = Instantaneous Field of View) $\varphi = 0,6$ mr des Radiometers, wodurch die
Größe des momentan abgetasteten Erdflächenstücks, also die
geometrische (Boden-)Auflösung bestimmt wird.
Wenn der Abtaststrahl im Subsatellitenpunkt senkrecht auf der
Erdoberfläche steht, bedeckt das Momentanbild minimale Fläche.
Je mehr die Richtung des Strahls vom Lot auf die Erde abweicht, um so größer wird das abgetastete Flächenelement
(Abb. 13).
Bei Scanneraufnahmen vom Flugzeug aus gelten für die Auflösung am Boden einfache geometrische Beziehungen (vgl. hierzu
ABEL, SIEBECKER, 1971; DERENYI, KONECNY, 1966; KONECNY 1971,
1972; MASRY, GIBBONS, 1973); für die durch den zusätzlich
verzerrenden Einfluß der Erdkrümmung komplizierteren Satellitenbilder sollen nun entsprechende Auflösungsformeln
abgeleitet werden.

Nach dem Sinussatz besteht die Gleichung

$$\sin \lambda = \frac{r+H}{r} \sin(\alpha - \frac{\varphi}{2})\ ,\ \text{wobei}\ \frac{\pi}{2} \leq \lambda \leq \pi\ ,\ \text{also}$$

$$\lambda = \frac{\pi}{2} + \xi\ \text{mit}\ 0 \leq \xi \leq \frac{\pi}{2}\ ,\ 0 \leq \frac{\pi}{2} - \xi \leq \frac{\pi}{2}$$

$$\sin \lambda = \sin(\frac{\pi}{2} + \xi) = \sin(\frac{\pi}{2} - \xi)$$

$$\frac{\pi}{2} - \xi = \arcsin[\sin \lambda] = \arcsin[\frac{r+H}{r} \sin(\alpha - \frac{\varphi}{2})]$$

$$\xi = \frac{\pi}{2} - \arcsin[\ldots]\ .\ \text{Somit gilt:}$$

(2) $\lambda = \frac{\pi}{2} + \xi = \pi - \arcsin[\ldots]$

Analog zu (2) folgt aus

$$\sin \varkappa = \frac{r+H}{r} \sin(\alpha + \frac{\varphi}{2})\ \ \ \text{die Formel}$$

(3) $\varkappa = \pi - \arcsin[\frac{r+H}{r} \sin(\alpha + \frac{\varphi}{2})]$

Aus der Beziehung $A_x = r\mu$ leitet man mit (1), (2), (3) die analytische Darstellung für die Auflösung senkrecht zur Subsatellitenbahn ab:

(I) $A_x = r\{\arcsin[\frac{r+H}{r} \sin(\alpha + \frac{\varphi}{2})] - \arcsin[\frac{r+H}{r} \sin(\alpha - \frac{\varphi}{2})] - \varphi\}$

$\ \ \ \ \ = f(\alpha)$

Anhand von Abb. 14 erhält man ferner (4) und (5):

(4) $a = r \frac{\sin \gamma}{\sin \alpha}$ (Sinussatz)

$$\frac{r+H}{r} \sin \alpha = \sin \beta\ \text{(Sinussatz)}\ ,\ \frac{\pi}{2} \leq \beta \leq \pi$$

$$\ \ \ \ \ = \sin(\frac{\pi}{2} + \varepsilon)\ \ \ \ \ \ \ \ \ \ \beta = \frac{\pi}{2} + \varepsilon\ ,\ 0 \leq \varepsilon \leq \frac{\pi}{2}$$

$$\ \ \ \ \ = \sin(\frac{\pi}{2} - \varepsilon)$$

$$\frac{\pi}{2} - \varepsilon = \arcsin[\frac{r+H}{r} \sin \alpha]$$

$$\varepsilon = \frac{\pi}{2} - \arcsin[\ldots]$$

$$\Rightarrow \beta = \pi - \arcsin[\ldots]$$

(5) $\pi - \beta = \arcsin[\frac{r+H}{r} \sin \alpha]$

Aus Abb. 15 ergibt sich:

$$\frac{1}{2} A_y = a \tan \frac{\varphi}{2} \stackrel{(4)}{=} r \frac{\sin \gamma}{\sin \alpha} \tan \frac{\varphi}{2}$$

$$= r \frac{\tan \frac{\varphi}{2}}{\sin \alpha} \sin(\pi - \alpha - \beta)\ .$$

Nach Anwendung von (5) läßt sich nun die Auflösung parallel zur Bahn des Satelliten formelmäßig angeben:

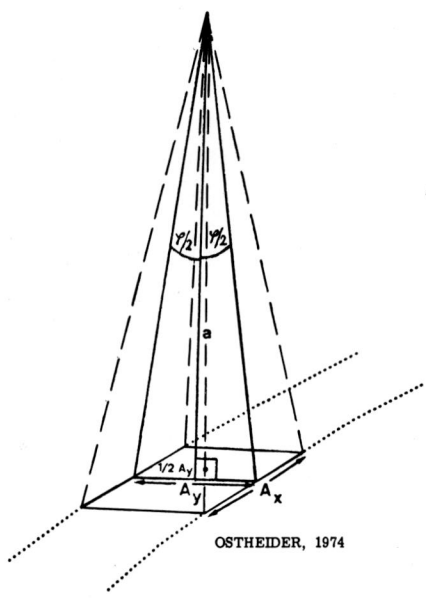

Abb. 15. Schematisch skizzierter Schnitt parallel zur Subsatellitenbahn durch einen Abtaststrahl.

$$\text{(II)} \quad A_y = 2r\, \frac{\tan\frac{\varphi}{2}}{\sin\alpha}\, \sin\left\{\arcsin\left[\frac{r+H}{r}\sin\alpha\right] - \alpha\right\}$$

$$= g(\alpha) \qquad (\alpha \neq k\pi,\ k = 0,1,2,\ldots)$$

Für die Berechnung der Auflösung auf der Subsatellitenbahn ($\alpha = 0$) kann die Erdkrümmung vernachlässigt werden. Es gilt in Annäherung: $A_x = A_y = \varphi H$.

Etwas anders als (I) und (II) lauten die in RCA (1965) ohne mathematische Herleitung angegebenen Auflösungsformeln.

Um den geometrischen Zusammenhang zwischen der vom Scanner aufgenommenen Szene am Boden und deren Wiedergabe im Bild herauszuarbeiten, muß zunächst festgehalten werden, daß jedes der gerade noch aufgelösten Erdflächenstücke mit den Ausmaßen A_x und A_y auf dem Film durch genau einen Bildpunkt, besser gesagt Kreisscheibe, gleichbleibender Größe repräsentiert wird (Abb. 13).

Zwischen dem Abweichwinkel α eines Auflösungselements an der Erdoberfläche und der Lage des zugehörigen Bildelements besteht die lineare Abhängigkeit $\alpha = 2\pi x/L$, wobei x den Abstand des Bildpunktes zur Subsatellitenbahn und L die Gesamtlänge einer Abtastzeile auf dem Film darstellen (Abb. 16). Mit dieser Beziehung lassen sich für jeden Punkt in der Satellitenaufnahme – d.h. für beliebiges x – die Auflösungsformeln $f(\alpha)$ und $g(\alpha)$ numerisch berechnen (Tab. 2). Das Ergebnis wird in Abb. 17 in graphischer Form präsentiert.

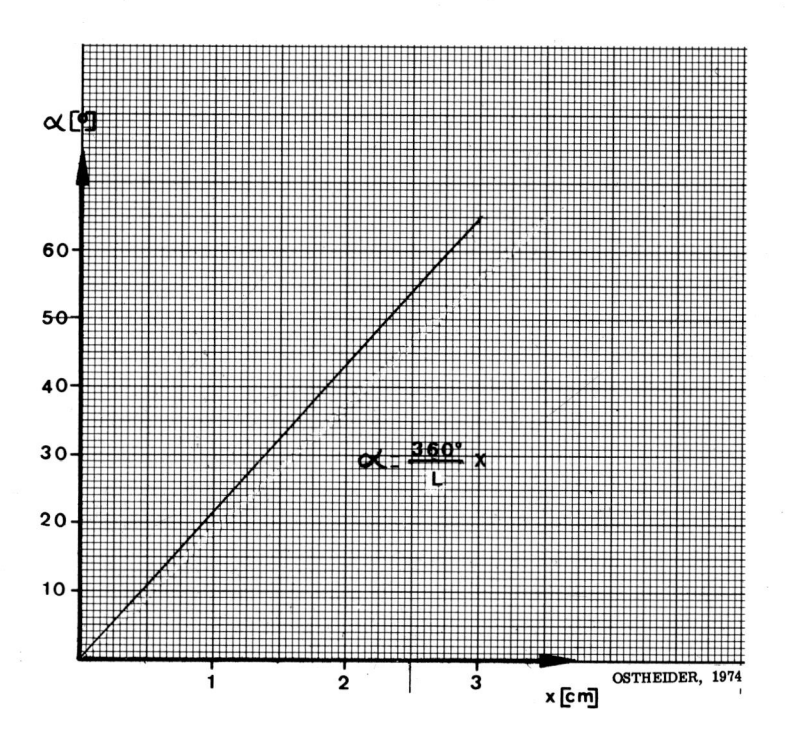

Abb. 16. Die lineare Abhängigkeit $\alpha° = 360° \cdot x/L$ zwischen dem Radiometer-Abweichwinkel α und dem Abstand x des Bildpunktes zur Subsatellitenbahn.

L = 16,5 cm stellt die Länge einer Bildzeile dar.

Aus diesen Kurven läßt sich für jeden Bildpunkt unmittelbar das Auflösungsvermögen herauslesen. Beispielsweise erhält man für ein Bildobjekt, das im Originalnegativ 15 mm vom Satellitenfußpunkt derselben Zeile entfernt ist, eine Auflösung von 1,1 km parallel zur Bahn des Satelliten und von 1,4 km senkrecht dazu. Für einen Punkt mit 22 mm Abstand ergeben sich als entsprechende Werte 1,6 km und 3,8 km. Das Auflösungsvermögen des Radiometers ist also mit ca. 0,9 km auf der Subsatellitenbahn optimal und verringert sich symmetrisch zu den beiden Bildhorizonten hin.

4.2.2. Strecken- und Flächenmessung

4.2.2.1. Anzahl der Abtaststreifen und Bildzeilen

An die Geometrie des Scanbildes werden zwei wichtige Forderungen gestellt: die Auflösungselemente auf der Subsatellitenbahn sollen lückenlos aneinandergereiht sein, so daß keine Informationen dazwischen verlorengehen. Auch dürfen sich auf dieser Bahn die Elemente benachbarter Streifen nicht über-

Tab. 2. Berechnete Werte von α, A_x, A_y, E_x, I_y für eine Bildzeileneinteilung in Intervalle der Länge 1 mm.

Es wurden folgende Größen verwendet:
Mittlere Satellitenhöhe	H = 1451 km
Dauer eines Satellitenumlaufs	U = 115,01 min
Polradius der Erde[+]	r = 6356,912 km
Radiometer-Drehzahl	D = 400 Udr./min
Radiometer-Öffnungswinkel	φ = 0,0006 Radian
Länge einer Bildzeile	L = 16,5 cm
Breite einer Bildzeile	B = 0,024 mm

x (mm)	α (r)	A_x (km)	A_y (km)	E_x (km)	I_y (km)
0	0	0,890	0,871	0	36,489
1	0,03808	0,890	0,872	55,305	36,474
2	0,07616	0,890	0,874	110,801	36,472
3	0,11424	0,890	0,878	166,742	36,465
4	0,15232	0,890	0,883	223,382	36,455
5	0,19040	0,890	0,890	280,976	36,442
6	0,22848	0,890	0,899	339,713	36,426
7	0,26656	0,890	0,910	399,913	36,406
8	0,30464	0,954	0,923	461,893	36,381
9	0,34272	1,017	0,938	526,098	36,353
10	0,38080	1,081	0,956	592,846	36,319
11	0,41888	1,144	0,976	662,581	36,280
12	0,45696	1,208	0,999	736,003	36,233
13	0,49504	1,271	1,025	813,685	36,179
14	0,53312	1,335	1,055	896,515	36,116
15	0,57120	1,399	1,089	985,449	36,040
16	0,60928	1,526	1,129	1081,883	35,951
17	0,64736	1,780	1,175	1187,535	35,843
18	0,68544	2,034	1,228	1304,756	35,712
19	0,72352	2,289	1,291	1436,726	35,550
20	0,76160	2,670	1,367	1588,211	35,345
21	0,79968	3,115	1,459	1766,713	35,078
22	0,83776	3,814	1,577	1985,073	34,713
23	0,87584	5,149	1,735	2268,846	34,178
24	0,91392	8,645	1,975	2685,923	33,269

OSTHEIDER, 1974

x = Abstand des Bildpunkts von der Subsatellitenbahn
α = Abweichwinkel des Abtaststrahls
A_x = Boden-Auflösung senkrecht zur Satellitenbahn
A_y = Boden-Auflösung parallel zur Satellitenbahn
E_x = Erdstrecke entsprechend der Bildstrecke x senkrecht zur Subsatellitenbahn
I_y = Erdstrecke entsprechend einer 1 mm langen Bildstrecke parallel zur Subsatellitenbahn und im Abstand von x mm dazu

[+] nach BARTELS (1960)

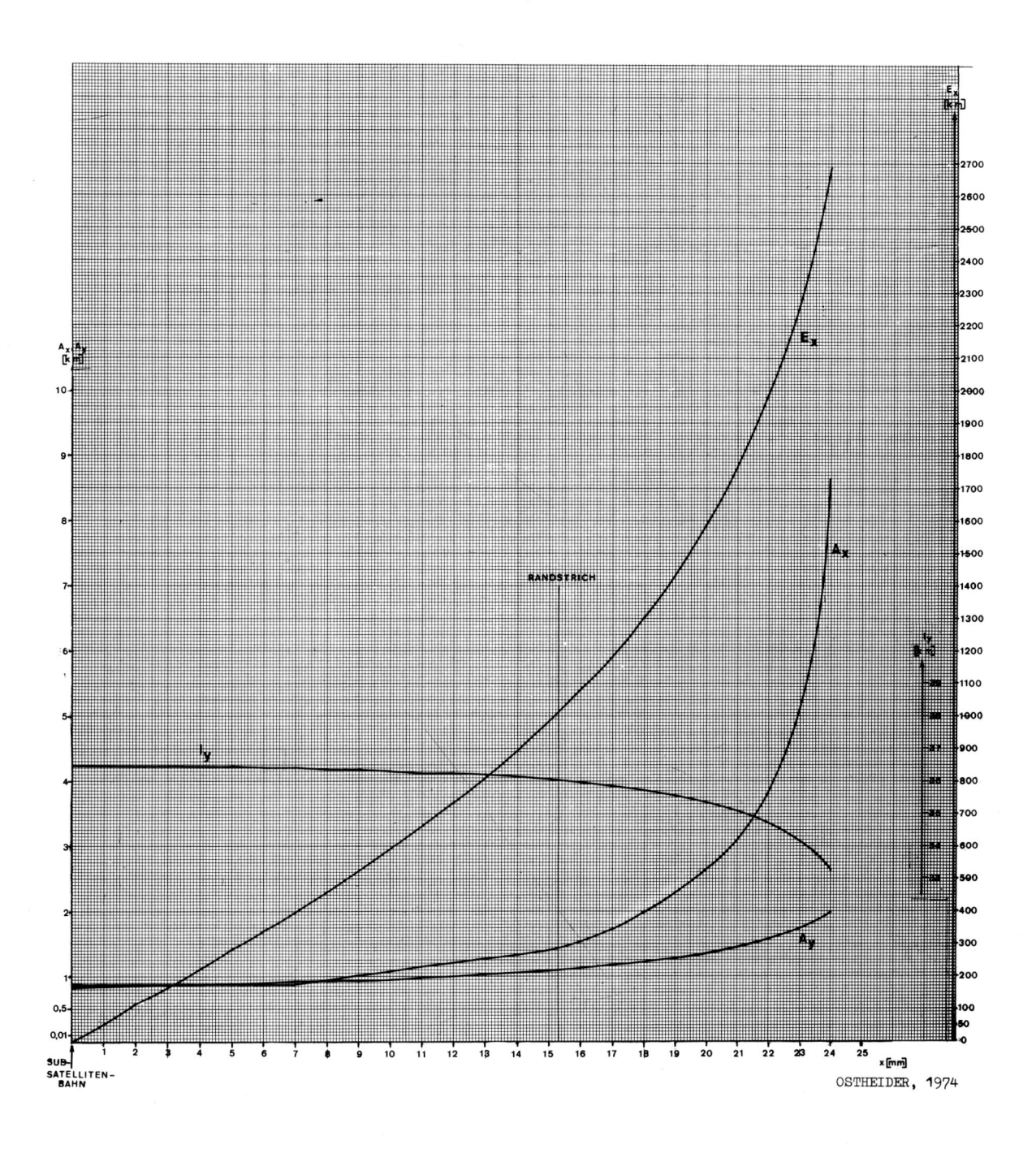

Abb. 17. Graphische Darstellung der Formeln für A_x, A_y, E_x, I_y.

schneiden, da sonst wegen der Doppelabbildung der überlappenden Bereiche Redundanz im Bild vorhanden wäre (vgl. RCA, 1965). Es muß also die pro Spiegelumdrehung zurückgelegte Distanz S (km) des Satellitenfußpunktes auf der Erdoberfläche gleich der Breite d (km) des Abtaststreifens auf der Bahn sein, d.h. es soll gelten: $d = \varphi H/1000 = 2\pi r/DU = S$, $\varphi = 0,6$ mr. Diese Bedingungen des 'sich Tangierens' und 'disjunkt Seins' (kein 'underlap', kein 'overlap') sind im wesentlichen erfüllt: $d = 0,871$ km, $S = 0,868$ km; man erreicht dies dadurch, daß Höhe des Satelliten und Drehgeschwindigkeit des Radiometers genau aufeinander abgestimmt werden. Zu den Horizonten hin überschneiden sich die Streifen allerdings immer mehr.

Eine Filmzeile enthält $2\pi/\varphi = 10471,98$ Bildpunkte. Bei einer Zeilenlänge L von 16,5 cm besitzt somit jeder Punkt einen Durchmesser von $165 : 10472 = $ ca. $0,015756$ mm. Damit die Flächenelemente auf der Subsatellitenbahn auch im Bild im natürlichen Längen-Breiten-Verhältnis erscheinen, sollte daher die Anzahl der Zeilen je 1 mm Film $1 : 0,015756 = $ ca. $63,5$ betragen. Die Bochumer Norm von 42 Linien pro Millimeter kann deshalb in Bezug auf die Bildgeometrie als nicht günstig betrachtet werden.

Inzwischen wurde in der Sternwarte Bochum die Zahl der Rasterlinien der VHRR-Aufnahmen zu dem geeigneteren Wert von 63 Linien pro mm korrigiert (Hinweis von KAMINSKI, 14.3.1974).

4.2.2.2. Strecken senkrecht zur Subsatellitenbahn

Gemessen wird die Bildstrecke x senkrecht zur Subsatellitenbahn. Gefragt ist nach der zugehörigen Erddistanz E_x. Mit den Endpunkten P und P_x von x korrespondieren die Abweichwinkel $\sigma = 2\pi x'/L$ und $\alpha + \sigma = 2\pi(x + x')/L$ (Abb. 18). Analog zu Formel (I) folgt:

$$E_x = r\left\{\arcsin\left[\frac{r+H}{r}\sin(\alpha+\sigma)\right] - \arcsin\left[\frac{r+H}{r}\sin\sigma\right] - \alpha\right\}.$$

Für den Spezialfall eines mit der Subsatellitenbahn inzidierenden Punktes P ($x' = 0$, $\sigma = 0$) erhält man hieraus:

$$(III) \quad E_x = r\left\{\arcsin\left[\frac{r+H}{r}\sin(2\pi x/L)\right] - 2\pi x/L\right\}.$$

Die berechneten Werte sind in Tab. 2 aufgelistet. Ihrer

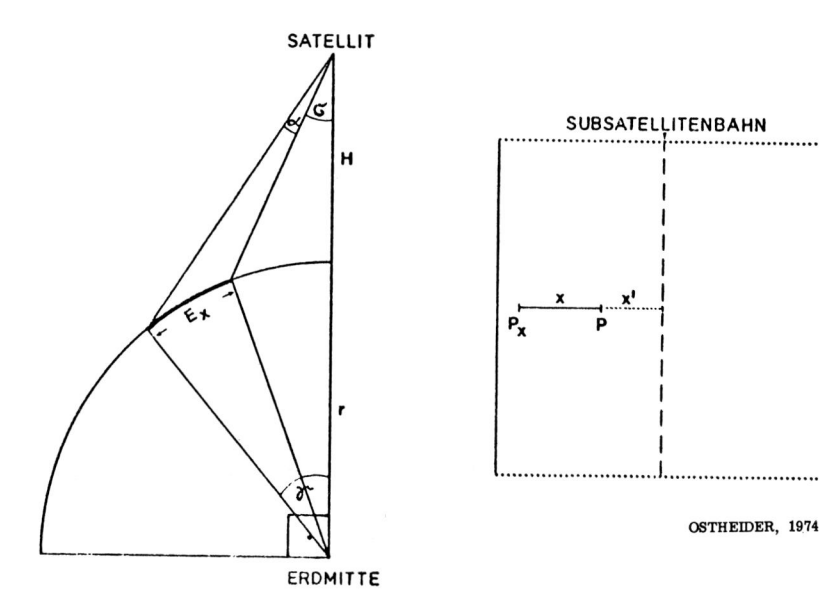

Abb. 18. a. Schematisch skizzierter Schnitt in der Abtastebene des Radiometers.
b. Strecken und Punkte im Bild.

graphischen Darstellung in Abb. 17 läßt sich für jeden Punkt P_x mit bekanntem Abstand von der Subsatellitenbahn die dadurch repräsentierte Erdstrecke entnehmen.
Eine beliebige nicht im Satellitenfußpunkt endende Strecke x ergibt sich als Differenz von x + x' und x' (Abb. 18b). Zum Beispiel entspricht einer 1 mm langen Bildentfernung x mit x + x' = 15 mm (22 mm) auf der Erde eine Distanz von 89 km (218 km). Der Maßstab nimmt zum Zeilenende hin allmählich ab, wodurch die abgebildeten Objekte zusammengestaucht erscheinen.

Bei der Aufnahme des Horizonts verläuft der Abtaststrahl tangential zur Erdkugel; in Abb. 18 gelten dann die Beziehungen:
$G = 0$, $\gamma = \pi/2 - \alpha$, $\sin\alpha = r/(r + H)$. Hiermit leitet man aus (III) insbesondere folgende Randwerte ab:

α_{max} = 0,95130 Radian ≙ 54°30'21" = maximaler Abweichwinkel
während der Erdabtastung,

γ_{max} = 0,61950 Radian ≙ 35°29'39" = zu α_{max} gehörender maximaler geozentrischer Winkel,

$2E_{x_{max}}$ = 7876,061 km = Gesamtbreite eines abgetasteten Erdstreifens.

Außerdem liefert Abb. 16:

$2x_{max}$ = 49,96 mm = Gesamtbreite des Erdscans innerhalb einer Bildzeile.

4.2.2.3. Strecken parallel zur Subsatellitenbahn

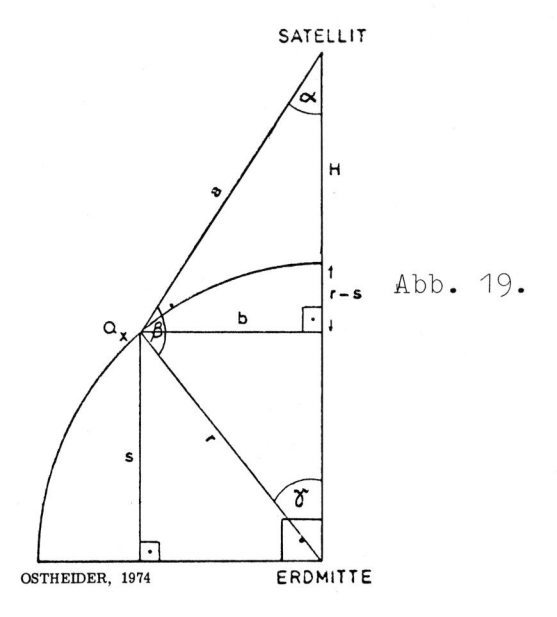

Abb. 19. Schematisch skizzierter Schnitt in der Abtastebene des Radiometers.

Vermöge Abb. 19 kann man festhalten:

(6) $\sin\gamma = b/r = \sin(\pi - \beta - \alpha) \stackrel{(5)}{=} \sin\left\{\arcsin\left[\frac{r+H}{r}\sin\alpha\right] - \alpha\right\}$.

Mit $\tan\alpha = b/(H + r - s)$ folgt daher:

(7) $\quad s = H + r - (H + r - s)rb/rb = H + r - r\sin\gamma/\tan\alpha$
$\quad (\alpha \neq k\pi/2, \; k = 0,1,2,\ldots)$.

Es sei P_x der Bildpunkt zu Q_x (Abb. 18b, 19). Dann kann man die der Filmzeilenbreite B in P_x entsprechende Erdstrecke angeben: $B \cong 2\pi s/DU$.

Für eine Einheitsstrecke I_y von 1 mm Länge parallel zur Subsatellitenbahn und mit dem Abstand x von dieser gilt also mit (6) und (7):

$\quad I_y \cong 2\pi s/DUB \quad (\alpha \neq 0, \text{ für } \alpha = 0 \text{ gilt } I_y = 2\pi r/DUB)$

(IV) $\quad I_y \cong \frac{2\pi}{DUB}\left\{H + r - \frac{r}{\tan\alpha}\sin\left[\arcsin\left(\frac{r+H}{r}\sin\frac{2\pi x}{L}\right) - \frac{2\pi x}{L}\right]\right\}$.

Zu (IV) läßt sich (Tab. 2) die Kurve in Abb. 17 zeichnen, aus der man ablesen kann, welche Erdentfernungen durch 1 mm lange subsatellitenbahnparallele Strecken in beliebiger Lage im Bild wiedergegeben werden. Es zeigt sich, daß solche Bildstrecken relativ unabhängig von ihrer Position eine Distanz von durchschnittlich 36 km auf der Erde darstellen; die Bilder sind demnach in Umlaufbahnrichtung annähernd maßstabskonstant (1 : 36 Mio.). -- (III) und (IV) sind in RCA (1965) ohne Ableitung aufgeführt.

Die auffallende Dehnung der Bochumer VHRR-Aufnahmen in Längsrichtung ist in der Tatsache begründet, daß in Formel (IV) die durch die Aufzeichnungsfeinheit von 42 Linien pro mm bedingte zu große Zeilenbreite B eingeht.

4.2.2.4. Flächenmessung

Die Ermittlung des Verhältnisses von Bildfläche zu Erdfläche wird auf die Streckenmessung zurückgeführt.
Abb. 20 verdeutlicht, welche Erdstrecken durch die Seiten eines auf das Bild gelegten 4 mm-Gitters repräsentiert werden. Umgekehrt gibt Abb. 21 die Darstellung eines auf die Erdoberfläche projizierten 50 km-Gitters in der VHRR-Aufnahme wieder.

4.2.3. Geographisches Koordinatennetz

Zur geographischen Positionierung der Aufnahmen existieren zwei grundsätzlich verschiedene Verfahren. Einerseits kann man ein speziell der Bildgeometrie angepaßtes Koordinatennetz entwerfen ('gridding'); andererseits besteht die Möglichkeit, das Bild durch geeeignete Manipulation in ein vorgegebenes Netz einzuordnen ('mapping'). Auf diesen Unterschied wiesen LEESE, BOOTH, GODSHALL,(1970 S. 2-11), hin:

> "A major step in computer processing of image type data is gridding and mapping. This is a necessary first step either for further processing or for manual analysis and interpretation. A distinction is made between gridding the image data and mapping it. In gridding, the image projection of the earth as seen by the sensor is kept constant, and latitude and longitude grids are computed to fit this projection. The reverse is true in the mapping process: here the image data are transformed to fit a common type of map projection such as polar stereographic or mercator. ... The advantage of gridding over mapping is in the amount of digital data that needs to be handled. ... However, the comparison of gridded but unprocessed image data at different times over the same location is a very tedious and time consuming process. On the other hand, mapping the image data for a global coverage is very time consuming and can be done operationally only by using an advanced data processing system."

Großkreisabschnitte, die weder parallel noch senkrecht zur Subsatellitenbahn verlaufen, werden als leicht gebogene Kurven abgebildet. Da die Umlaufbahn nicht genau polar verläuft, müßten also in die Aufnahmen die Längen- und Breitenlinien des geographischen Netzes etwas gekrümmt eingezeichnet werden.

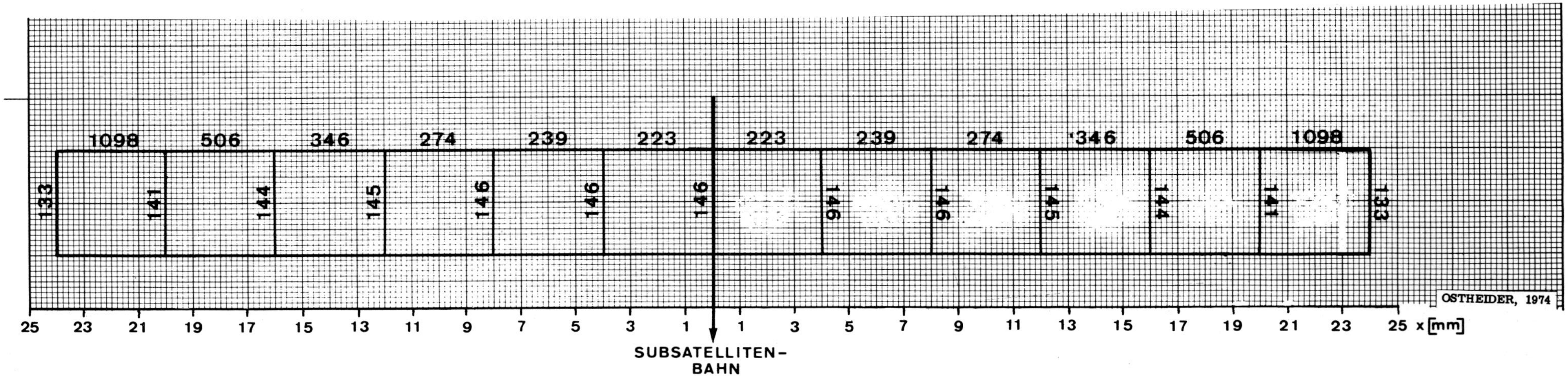

Abb. 20. Erdstrecken (in km), die durch die Seiten eines auf das Bild gelegten 4mm-Gitters repräsentiert werden.

x = Abstand des Bildpunktes von der Subsatellitenbahn.

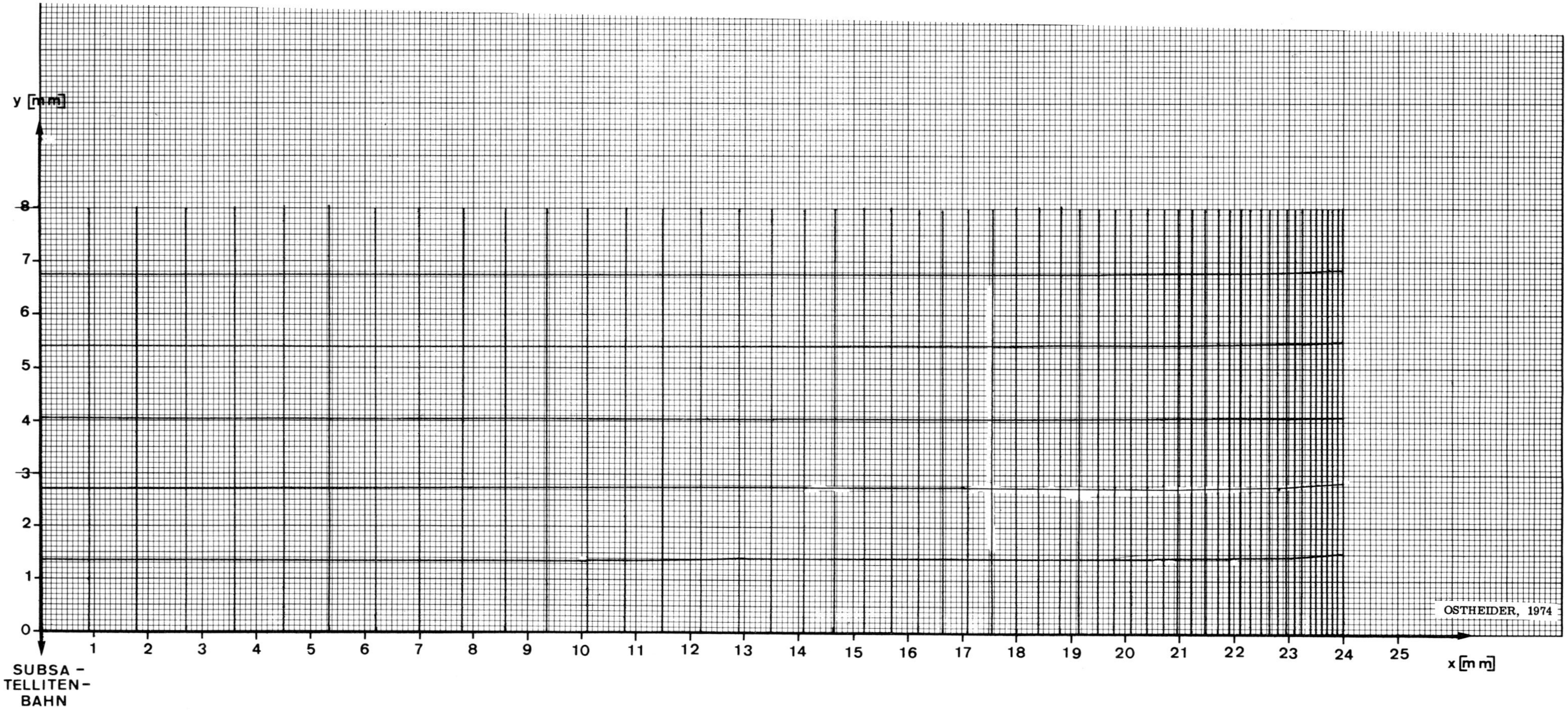

Abb. 21. Wiedergabe eines auf die Erdoberfläche projizierten 50 km-Gitters in der VHRR-Aufnahme.

y = Abstand von Bildpunkten auf der Subsatellitenbahn.

Der Deutsche Wetterdienst in Offenbach empfängt die Scanning Radiometer-Aufnahmen des Satelliten NOAA-2 und versieht die Infrarotbilder mit selbst konstruierten 20°-Koordinatennetzen (Abb. 22, Anhang). Eine vergleichende Untersuchung (MOHR, 1973) ergab, daß diese Netze zur geographischen Lokalisierung der VHRR-Bilder verwendet werden können, da die Maßstäbe der DWD- und Bochumer Aufnahmen übereinstimmen. Auf diese Möglichkeit wurde jedoch verzichtet, da sich im Laufe der Arbeit eine bessere Lösung bot.

Von der Behörde NOAA werden Transparente mit aufgedrucktem eigens berechnetem Koordinatennetz herausgegeben, die nach passender Vergrößerung als overlay (grid) der VHRR-Aufnahmen benutzt werden können. Ein Beispiel hierfür ist in Abb. 9 (Anhang) gezeigt. Die Längenkreisabschnitte sind dabei gradmäßig noch nicht festgelegt, da zur Lagebestimmung der ganzzähligen Längen zwischen den eingezeichneten Längenkreisen interpoliert werden muß (vgl. ESSA, 1969; GOLDSHLAK, 1968; NASA 1970b; SMITH, 1965).

Die oben geschilderte Analyse der Bildgeometrie wies den Weg, wie dieses Koordinatensystem trotz der unterschiedlichen Liniendichte auf die Bochumer Bilder (und damit auch auf die SR-Aufnahmen des DWD und der FU, Berlin) übertragen werden konnte: Punkt für Punkt wurde das NOAA-Netz maßstabsgerecht mit dem Dehnungsfaktor 3:2 auf die Anzahl von 42 Linien pro mm gestreckt, wobei die umfangreichen Koordinatenberechnungen durch einen Taschencomputer und ein auf das Netz projiziertes (Leuchttisch) mm-Gitter unterstützt wurden. In Abb. 23 (Anhang) ist ein Netzbeispiel in einer für die vorliegenden originalen VHRR-Positive passenden Größe gegeben.

Die Einpassung der Bilder in das so konstruierte Netz geschieht in vier Schritten:
- Mit Hilfe einer topographischen Karte stellt man die geographischen Koordinaten eines gut in der Aufnahme erkennbaren Landpunktes fest.
- Man legt das Netz derart auf das Bild, daß die zwei randlichen Längslinien zur Deckung kommen.
- In Subsatellitenbahnrichtung verschiebt man das Netz so lange, bis sich die herausgegriffene Landmarkierung in der korrekten Netz-Breitenlage befindet.

- Durch Interpolation zwischen den eingezeichneten Längenlinien stellt man die Lage der ganzzahligen Längen fest. (WATSON, 1974)

4.2.4. Positionierungs- und Meßfehler

Als Fehlerquellen bei der Lagebestimmung von Bildpunkten sind insbesondere folgende zu nennen:

- Der Querächsen-Stabilisierungsfehler von maximal $\pm 1/2°$ (nach SCHWALB, 1972) erzeugt in Subsatellitenbahnnähe möglicherweise einen unkontrollierbaren Positionierungsfehler bis zu ± 13 km (Tab. 2), der zum Horizont hin entsprechend der Geometrie zunimmt.
- Die Krümmung der Bochumer Bilder wirkt sich auf die Messung von Strecken senkrecht zur Umlaufbahn überhaupt nicht aus; die Länge einer Bilddistanz $z = \overline{AB}$ parallel dazu (vgl. Abb. 24) läßt sich durch die zulässige Approximation von z durch z' und aus der Beziehung $b^2 + (1/2\ y)^2 = (1/2\ z)^2$ ableiten, wobei y die mit dem Lineal gemessene Entfernung der Bildpunkte A und B darstellt und b der größte Abstand von z und y sein soll. Dann entspricht $d = z - y$ gerade der Differenz D zwischen der tatsächlichen durch $\overline{AB}$ wiedergegebenen und der durch y repräsentierten und nach (IV) berechneten Erdstrecke. In Tab. 3 sind für einige y-Werte und zwei verschiedene Abstände x zur Subsatellitenbahn die zugehörigen Erdstreckendifferenzen D aufgeführt. Wegen der Maßstabskonstanz der Bilder in Umlaufbahnrichtung erweist sich D angenähert als unabhängig von x. Weiterhin zeigt sich, daß die Krümmung selbst bei einer Entfernung y von 6,5 cm lediglich einen Streckenmeßfehler von 1,2 km verursacht.

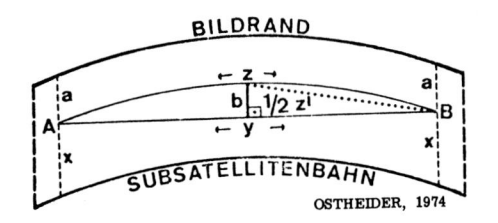

Abb. 24. Streckenmessung parallel zur Subsatellitenbahn. Krümmung stark vergrößert.

y (mm)	b (mm)	z (mm)	d (mm)	D (km)+	
				x = 0 mm	x = 20 mm
1	0	1	0	0	0
12	0	12	0	0	0
20	0,1	20,001	0,001	0,037	0,035
30	0,3	30,006	0,006	0,219	0,213
40	0,5	40,013	0,013	0,474	0,459
65	1,0	65,033	0,033	1,204	1,166

+s. I_y in Tab. 2.   OSTHEIDER, 1974

Tab. 3. Meßfehleranalyse.

- Die Exaktheit der Koordinaten-Berechnungen dürfte so gut sein, daß dadurch höchstens ein in der Strichbreite der Tuschefeder liegender vernachlässigbar kleiner Lagefehler entstehen konnte. Es bleibt daher praktisch nur die Konstruktionsungenauigkeit der NOAA-Netze zu berücksichtigen. Nach Auskunft von KOFFLER (1974) soll deren Positionierungsfehler für ein Gebiet, das einen Breitenlagenunterschied von 30-40° umfaßt, den Wert von 0,5° (ca. 55 km) nicht übertreffen.

- Genau genommen verlaufen die Erdabtaststreifen nicht zur Subsatellitenbahn vertikal, sondern zur Projektion der momentanen Umlaufbahn auf die Erdoberfläche (heading line). Diese zwei Kurven sind aber wegen der ostwärts gerichteten Erdrotation innerhalb der Satellitenbahnebene nicht ganz deckungsgleich. Auf diese häufig nicht beachtete Differenz weist WIDGER (1966) hin. Er berechnete, daß der daraus resultierende Lagefehler in Abhängigkeit von der Inklination in bestimmten Gebieten nur minimal ist, während er in äquatornahen Bereichen Fehler bis zu 1,5° Großkreisbogen (ca. 166 km) nach sich ziehen kann. Auf die NOAA-2 Umlaufparameter angewandt, ergibt sich der Fehlerwert Null für Orte auf 78,3° nördlicher Breite, also gerade für die hier untersuchten Erdgebiete, so daß diese Fehlerquelle nicht berücksichtigt zu werden braucht.

- SCHWALB (1972, S. 30) gibt für die U.S.-amerikanischen mit Gradnetz versehen VHRR-Aufnahmen bei Erwägung aller Störfaktoren einen Gesamtpositionierungsfehler von weniger als 37 km an.

- Da die Position von Apogäum und Perigäum sich entlang der Satellitenumlaufbahn ständig verschiebt (ESSA, 1969) und die tatsächliche Höhe des Satelliten über einem festen Gebiet der Erdoberfläche somit mit der Zeit variiert, wurden die Berechnungen mit einer mittleren Satellitenhöhe von 1451 km durchgeführt. Zum höchsten bzw. niedrigsten Punkt der Bahn ergibt sich dabei eine vertikale Differenz von je 3 km.

- Ferner wurde bei der Rechnung derart verallgemeinert, daß der Abtaststrahl im Satellitenfußpunkt, also dem Durchstoßpunkt der verlängerten Satellitenhochachse durch die Erde, senkrecht auf der Erdoberfläche steht. Daß diese Annahme ohne Einschränkung gemacht werden konnte, wird nachträglich durch die Feststellung in 5.5 gerechtfertigt, daß der entsprechende Fußpunkt-Lagefehler bei den großmaßstäbigeren ERTS-Bildern nach NASA-Angaben im Durchschnitt bei 5 km liegt. Aufgrund der höheren Umlaufbahn von NOAA-2 verringert sich dieser Fehler noch ein wenig.

- Es ist zu überlegen, ob und welchen Einfluß die Wahl der verwendeten Erdfigur auf die Positionierung von Bildpunkten ausüben könnte.
  BARTELS (1960) gibt für das Internationale Referenz-Rotationsellipsoid die Halbachsenlängen mit 6378 km und 6357 km an. Der kürzere Polradius wurde im Laufe dieser Arbeit einer als kugelförmig vorausgesetzten Erdgestalt zugrunde gelegt. Daraus würde ein maximaler Höhenunterschied von 21 km zwischen Kugel- und Ellipsoidoberfläche resultieren, der jedoch im hier untersuchten Bereich der Arktis nicht zum Tragen kommt, wie folgende Überlegung zeigt:
  Es sei h ein im Punkt F senkrecht auf der Erdkugel stehender

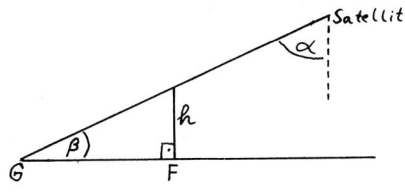

Stab mit der Höhe von 10 km. Der Abtaststrahl vom Satelliten streife genau den höchsten Punkt des Stabes und treffe im Punkt G unter dem Einfallswinkel β auf die Erdkugel. Dann gilt für die Erdstrecke: $\overline{GF}$ = h/tanβ .

Hierbei kann die Erdkrümmung vernachlässigt werden und es gilt: $\beta \approx 90° - \alpha$, wobei α der Radiometer-Abweichwinkel ist. Wählt man für h beispielhaft die zwei Werte 5 km und 10 km, so ergeben sich für einige herausgegriffene Winkel β nachfolgende Erdentfernungen $\overline{GF}$:

h (km)		β	α(ca.)	$\overline{GF}$ (km)	
10	5	80°	10°	1,9	0,9
		70°	20°	3,6	1,8
		60°	30°	≈6	≈3
		50°	40°	≈8	≈4
		40°	50°	≈12	≈6

OSTHEIDER, 1974

Tab. 4. Erdentfernungen $\overline{GF}$ für verschiedene h.

Interpretiert man h als Höhendifferenz eines Erdoberflächenpunktes bezogen einerseits auf die Kugel und andererseits auf das Ellipsoid als Referenzfigur, so sieht man, daß die durch die Verwendung verschiedener Erdgestalten bedingten Lageverschiebungen $\overline{GF}$ vor allem in den subsatellitenbahnnahen Gebieten (kleine Winkel α) praktisch zu vernachlässigen sind.

Ferner kann aus der Betrachtung der Schluß gezogen werden, daß auch große Reliefunterschiede keinen Einfluß mehr auf die Bildgeometrie ausüben.

- Man könnte nun unter Berücksichtigung einzelner oder mehrerer Lagefehlerquellen die Aussagekraft des konstruierten Netzes dahingehend modifizieren, daß durch gestrichelte Linien oder auch durch ein Overlay die nach beiden Richtungen möglichen Lageabweichungen der gezeichneten Längen- und Breitenkreise angedeutet würden. Da aber keine Kenntnisse über die im Einzelfalle tatsächlich nötigen Korrekturen vorliegen, wurde auf diese weitergehende Netzkonstruktion verzichtet.

Die praktische Arbeit mit Bildern, Netz und geographischen
Karten zeigte außerdem (vgl. 6.4.), daß der Lagefehler im
allgemeinen sehr klein gehalten ist, so daß angenommen werden kann, daß sich etliche der genannten Fehler gegenseitig
aufheben.

4.3. Grautöne des Bildes

4.3.1. Aufnahme im sichtbaren Teil des Spektrums

Im sichtbaren Bereich des Spektrums (Abb. 25) wird vorwiegend reflektierte durch Absorption und Streuung in der Atmosphäre geringfügig modifizierte Sonnenstrahlung erfaßt,
so daß die Aufnahme als qualitative Grautondarstellung der
unterschiedlichen Geländerückstrahlung für diese Wellenlängen aufzufassen ist: Je größer die Reflexion, desto heller
der Grauton.
Quantitative Grautonanalysen erscheinen nicht möglich und
wenig sinnvoll, da die Beleuchtungsverhältnisse und die atmosphärischen Bedingungen in stetiger Veränderung begriffen
sind.
Abb. 26 verdeutlicht das bei der Entstehung der Densitätskontraste im optischen Spektralband wirksame Informationsübertragungssystem. Genauere Ausführungen hierzu finden sich
u.a. in GIERLOFF-EMDEN, SCHROEDER-LANZ (1970/71); KRUG, WEIDE
(1972); MEIENBERG (1966); OSTHEIDER (1972).

4.3.2. Aufnahme im mittleren Infrarot

In Anlehnung an GERLACH (1962), GERTHSEN (1963), HOLTER et al.
(1962), MIOSGA (1974) und WESTPHAL (1959) sollen die physikalischen Grundlagen der Strahlungsmessung kurz erörtert werden.-
Im IR-Band wird die Sonnenstrahlung vorwiegend indirekt als
emittierte Strahlungsenergie gemessen. Diese thermische Strahlung von Festkörpern (= Eigenemission, Wärmestrahlung, Temperaturstrahlung) findet bei sämtlichen Objekten ununterbrochen statt, weswegen IR-Bilder sowohl bei Tag wie bei Nacht
aufgenommen werden können. Sie ist nur abhängig von der
(absoluten) thermodynamischen Temperatur T und der Beschaffenheit des Körpers, wodurch dessen Emissions- und Absorptionsvermögen für die einzelnen Wellenlängen λ bestimmt wird. Bei

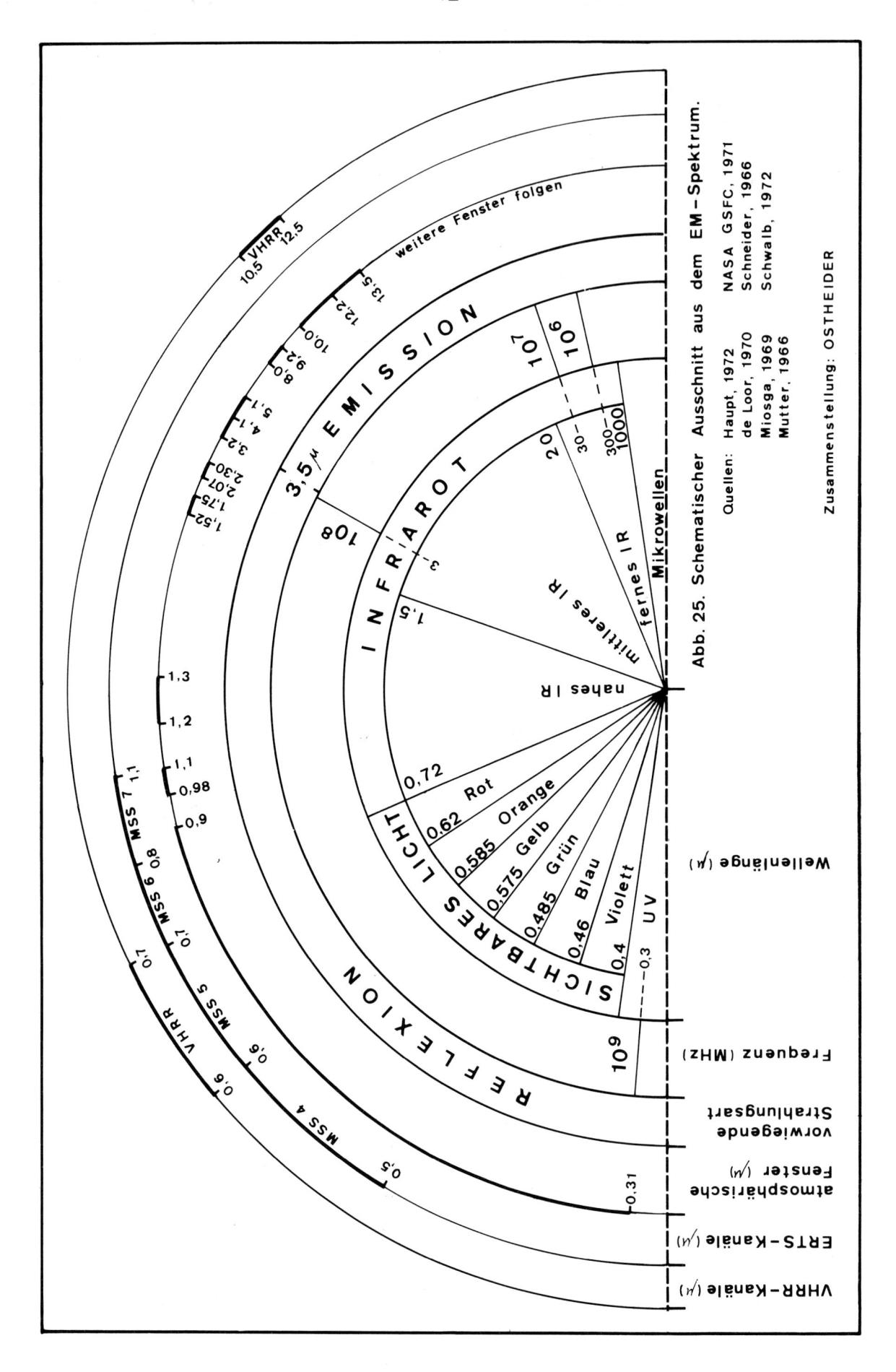

Abb. 25. Schematischer Ausschnitt aus dem EM-Spektrum.

Quellen: Haupt, 1972 NASA GSFC, 1971
de Loor, 1970 Schneider, 1966
Miosga, 1969 Schwalb, 1972
Mutter, 1966

Zusammenstellung: OSTHEIDER

OSTHEIDER, 1974

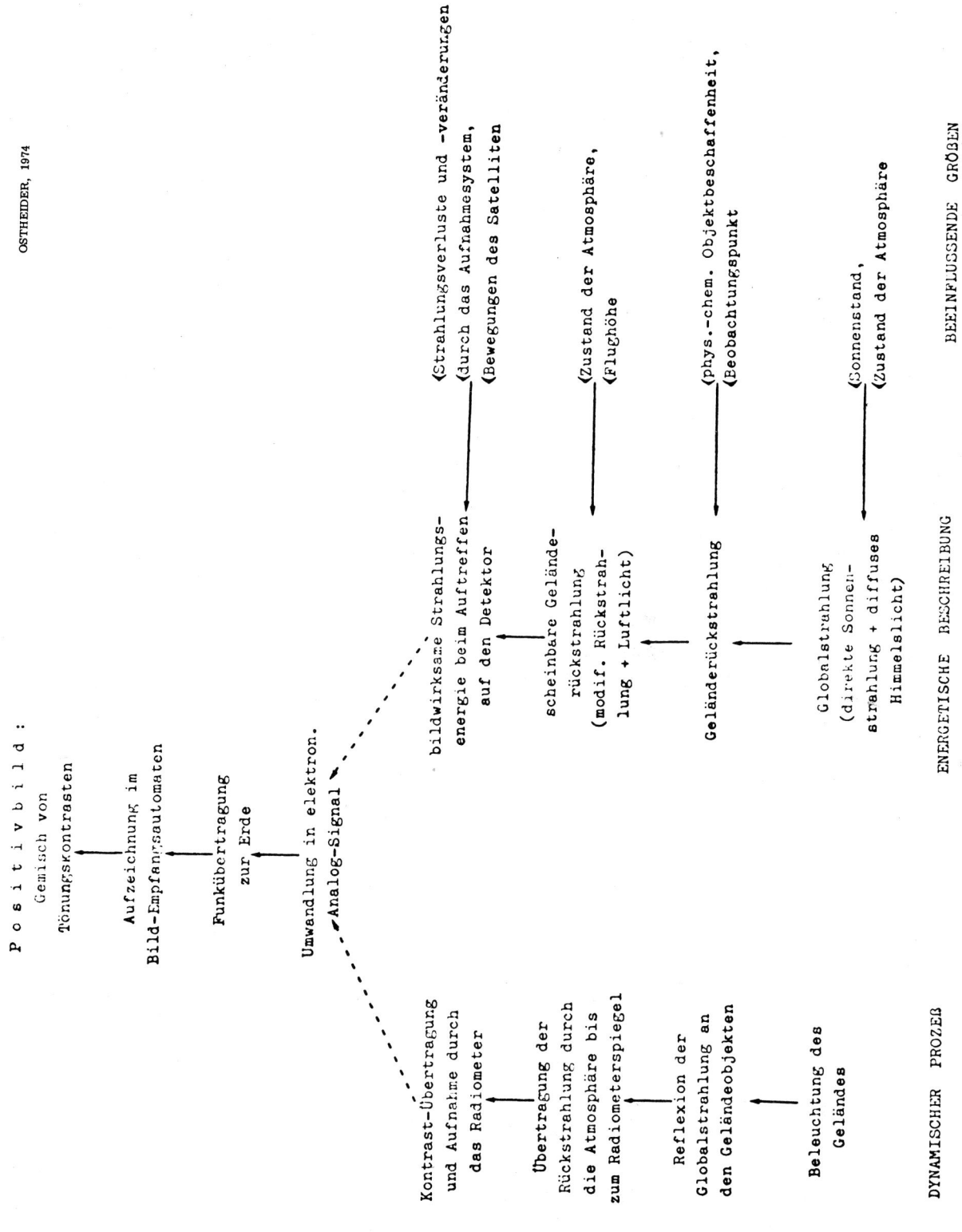

Positivbild: Gemisch von Tönungskontrasten		bildwirksame Strahlungsenergie beim Auftreffen auf den Detektor	←〈Strahlungsverluste und -veränderungen durch das Aufnahmesystem, 〈Bewegungen des Satelliten	
↑		↑		
Aufzeichnung im Bild-Empfangsautomaten		scheinbare Geländerückstrahlung (modif. Rückstrahlung + Luftlicht)	←〈Zustand der Atmosphäre, 〈Flughöhe	
↑		↑		
Funkübertragung zur Erde		Geländerückstrahlung	←〈phys.-chem. Objektbeschaffenheit, 〈Beobachtungspunkt	
↑		↑		
Umwandlung in elektron. Analog-Signal		Globalstrahlung, (direkte Sonnenstrahlung + diffuses Himmelslicht)	←〈Sonnenstand, 〈Zustand der Atmosphäre	
↑ (dashed)				
Kontrast-Übertragung und Aufnahme durch das Radiometer				
↑				
Übertragung der Rückstrahlung durch die Atmosphäre bis zum Radiometerspiegel				
↑				
Reflexion der Globalstrahlung an den Geländeobjekten				
↑				
Beleuchtung des Geländes				
DYNAMISCHER PROZEß		**ENERGETISCHE BESCHREIBUNG**		**BEEINFLUSSENDE GRÖßEN**

Abb. 26. Gewinnung der Bildinformation im sichtbaren Bereich des Spektrums.
(modifiziert nach OSTHEIDER, 1972)

der mittleren Temperatur der Objekte an der Erdoberfläche spielt vorwiegend im Mikrowellenbereich die Körperrauhigkeit eine große Rolle, während sie im IR-Band weniger Bedeutung für das Ausmaß der Emission besitzt.

Bei beliebigem λ und T erreicht ein Körper mit dem Absorptionsvermögen 1, ein sogenannter Schwarzkörper, das für diese Werte maximal überhaupt verifizierbare Emissionsvermögen. Wird die Strahlung des schwarzen Körpers bei gegebener Temperatur T spektral zerlegt, so erhält man die Energieverteilungskurve. Das Kurvenmaximum werde bei dem Wellenlängenwert λ_{max} erreicht. Dann gilt das Wiensche Verschiebungsgesetz: $\lambda_{max} \cdot T = c$ (c Konstante). Man schreibt nun jedem schwarzen Strahler diejenige Temperatur T zu, welche sich danach aus der Lage des Maximums seiner Energieverteilungskurve oder auch mit dem Stefan-Boltzmannschen Gesetz berechnet. Der so erhaltene Wert T ist identisch mit der Temperatur des Strahlers unabhängig davon, in welcher Entfernung von der Quelle die Strahlung gemessen wird. Für die Schwarzkörpertemperatur T = 6000°K der Sonne liegt das Intensitätsmaximum bei 0,48μ im grünen Band des optischen Bereichs; bei der mittleren Erdumgebungstemperatur T = 300°K erreicht die Kurve ihren höchsten Punkt im großen IR-Fenster zwischen 8μ und 14μ (Abb. 27).

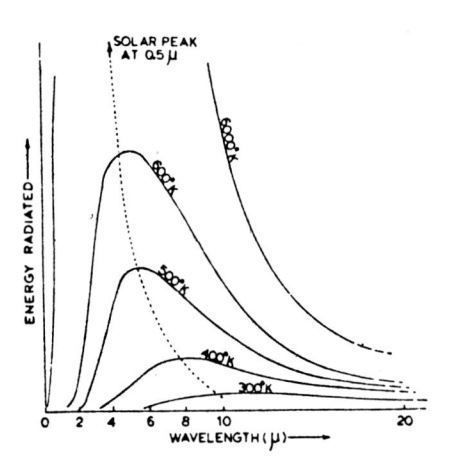

Abb. 27. Spektralverteilung der Strahlung eines Schwarzkörpers bei verschiedenen Temperaturen (aus: COLWELL, 1963).

Aus dieser Möglichkeit zur Bestimmung der Temperatur eines Schwarzkörpers mittels Strahlungsmessungen ergibt sich eine spezielle Temperaturmessung des nicht schwarz strahlenden

Körpers: Nach dem oben angedeuteten Verfahren wird aus Radiometermeßwerten seine Temperatur abgeleitet, als handele es sich um einen schwarzen Strahler. Da aber die Strahlung stets schwächer ist als die des Schwarzkörpers derselben thermodynamischen Temperatur, erhält man einen niedrigeren Wert für T als tatsächlich durch die Energie der Molekularbewegung gegeben wäre, also nur eine Mindesttemperatur, die "Strahlungstemperatur", "effektive Temperatur", "radiometrische Temperatur", "äquivalente Schwarzkörpertemperatur" o.ä. genannt wird. Die Herstellung einer direkten Beziehung zwischen der radiometrischen und der thermodynamischen Temperatur eines Körpers ist nicht möglich; man muß daher stets einen Korrekturfaktor berücksichtigen. Mit diesen Fragen beschäftigte sich LORENZ in mehreren Arbeiten (1968, 1971b).

Wegen der stark zur Wirkung kommenden Atmosphäreneinflüsse ist der IR-Bereich in Absorptionsbänder (v.a. Wasserdampf und CO_2) und dazwischen liegende sensornutzbare Transmissionsbereiche, die "atmosphärischen Fenster" (Abb. 25) einzuteilen. Eine Übersicht über die Schwächung und Verfälschung der IR-Strahlung durch Extinktion und Eigenstrahlung der Atmosphäre geben ABEL, SIEBECKER (1971) und WEBER (1971). Sie weisen darauf hin, daß die IR-Reichweite innerhalb der Fenster in Abhängigkeit von der Wellenlänge im allgemeinen die Sichtweite übertrifft, daß sie jedoch bei geringer Sicht stark abnimmt und die Strahlung Wolken, Regen und Nebel nicht zu durchdringen vermag. Auf die IR-Energiemodifizierung durch Wasser-Aerosole bei klarem Himmel und deren Auswirkungen auf radiometrische Messungen geht CARLON (1970) ausführlich ein. Er kommt zu dem Schluß, daß die bisherigen Untersuchungen in dieser Hinsicht für ein Verständnis der komplizierten Zusammenhänge noch keineswegs ausreichen.

Das VHRR-Band im IR-Abschnitt wurde so gewählt, daß es in das große atmosphärische Fenster trifft.

Als Maß für die Empfindlichkeit bzw. die minimal auflösbare Temperaturdifferenz eines IR-Sensors ist die NEΔT (Noise Equivalent Differential Temperature) eingeführt worden, die formelmäßig näherungsweise für Schwarzkörper berechnet werden kann. Nach SCHWALB (1972) beträgt die Nachweisempfindlichkeit der VHRR-IR-Aufnahmen ca. 1,5 - 2 °C bei Geländetemperaturen um 300°K (ca. 27°C) und 6 - 8 °C bei 185°K (ca. -88 °C). Bei den in der Ostgrönlandsee vorherrschenden Temperaturen wird man mit einem Wert zwischen den beiden genannten rechnen müssen.

Die vom Radiometer registrierten Unterschiede der Strahlungstemperaturen innerhalb der Geländeszene werden in Form von Grautonkontrasten letztlich auf Film aufgezeichnet: Je wärmer ein Objekt, desto dunkler erscheint es auf dem Positiv. In Anwendung der Strahlungsgesetze wäre theoretisch bei Kenntnis der NEΔT und mittels der NOAA-2-IR-Kalibrierungstafeln (NOAA, o.J., ca. 1974) eine quantitative Eichung der Bildgrautöne in der Weise möglich, daß man bestimmten Grautonstufen die äquivalenten Schwarzkörpertemperaturen zuordnet. Nach Angaben der NOAA/NESS (1973, APT Inf. Note 73-2) und von KOFFLER (1974) tauchen bei der praktischen Durchführung aber noch große Probleme auf. Auch ist beim Bildempfang in der Bochumer Sternwarte zu beobachten, daß die Eingangsspannung und damit die photographische Geländewiedergabe laufend unkontrollierbaren Wandlungen unterworfen ist.

Man kann den IR-Aufnahmen daher nur qualitative relative Temperaturunterschiede entnehmen. Es handelt sich also im Sinne der Terminologie von WILLIAMS (1972) nicht um Thermogramme, sondern um reine Thermographien.

LEESE u.a. (1971) erprobten eine externe Grautoneichung für ausgedehnte einheitlich strahlende Geländeszenen beispielhaft anhand von Meeresflächen durch statistische Berechnungen und Vergleiche mit bekannten simultanen Bodenmessungen. Auf diese Möglichkeit soll hier nicht näher eingegangen werden.

4.3.3. Zusammenhänge zwischen der Boden-Auflösung und den Bildgrauwerten

Die bildliche Grautondarstellung des Geländes wird durch diverse Faktoren beeinflußt, so durch den Öffnungswinkel des Radiometers, die Flughöhe, die technisch-qualitative Ausführung des Aufnahmegerätes, die Güte der Bildaufzeichnung, die Bildqualität, die Strahlungsverhältnisse des Geländes und den Zustand der Atmosphäre. Auf die Komplexität der natürlichen

Gegebenheiten ist die Schwierigkeit zurückzuführen, die Geländeverhältnisse während des Fluges genau zu rekonstruieren, was für eine Deutung des registrierten Strahlungsbildes erforderlich wäre. Es müßte somit die Forderung eines gleichzeitigen "ground checks" erhoben werden.

Eine Geländeuntersuchung ist jedoch in unzugänglichen Gebieten wie der eisbedeckten Grönlandsee meistens gar nicht durchführbar. Hieraus resultiert ein großer Unsicherheitsfaktor bei der Korrelierung von Grautönen mit bestimmten Erdphänomenen, d.h. bei der Rekonstruktion der Teilfunktion $\beta_2 : g_i \mapsto s_i$ (vgl. 3.1.). Beispielhaft für solche Einschränkungen der Bildauswertbarkeit soll im Folgenden der häufig nicht intensiv genug beachtete Zusammenhang zwischen der geometrischen Auflösung des Sensors und den Grauwerten der Aufnahme – notgedrungen ein wenig schematisiert – genauer herausgearbeitet werden.

4.3.3.1. Beziehung zwischen der Gesamtstrahlung der Boden-Auflösungselemente und den Bildgrautönen bei festem Auflösungsvermögen

Die Geländeszene bestehe gemäß der Auflösung des Sensors aus mn Boden-Auflösungselementen A_i mit den Gesamtstrahlungswerten s_i, denen mn Bildpunkte P_i mit den Grauwerten g_i entsprechen (vgl. 3.1.).

Es sei $[p,q]$, $p,q \in \mathbb{R}$, eine wahlweise herausgegriffene Detektor-Bandbreite in beliebiger Lage im EM-Spektrum, für die sämtliche Strahlungsenergieverteilungskurven (Rückstrahlung bzw. Emission) f_i, $i = 1,2,\ldots,mn$, der Geländebereiche A_i bekannt seien (Abb. 28a). M_i bzw. m_i seien das Maximum bzw. Minimum der Funktion f_i im Intervall $[p,q]$. Dann nimmt der als Grauton im Bild tatsächlich dargestellte Strahlungswert g_i der Geländeszene A_i einen Wert zwischen m_i und M_i an. Eine gute Approximation von g_i erhält man bei Aufteilung von $[p,q]$ in k Teilintervalle $\langle p=x_0, x_1, x_2,\ldots,x_k=q \rangle$ ($k \in \mathbb{N}$, genügend groß) und Darstellung von g_i als arithmetisches Mittel:

$$g_i \approx \frac{\sum_{j=0}^{k} f_i(x_j)}{k + 1}$$

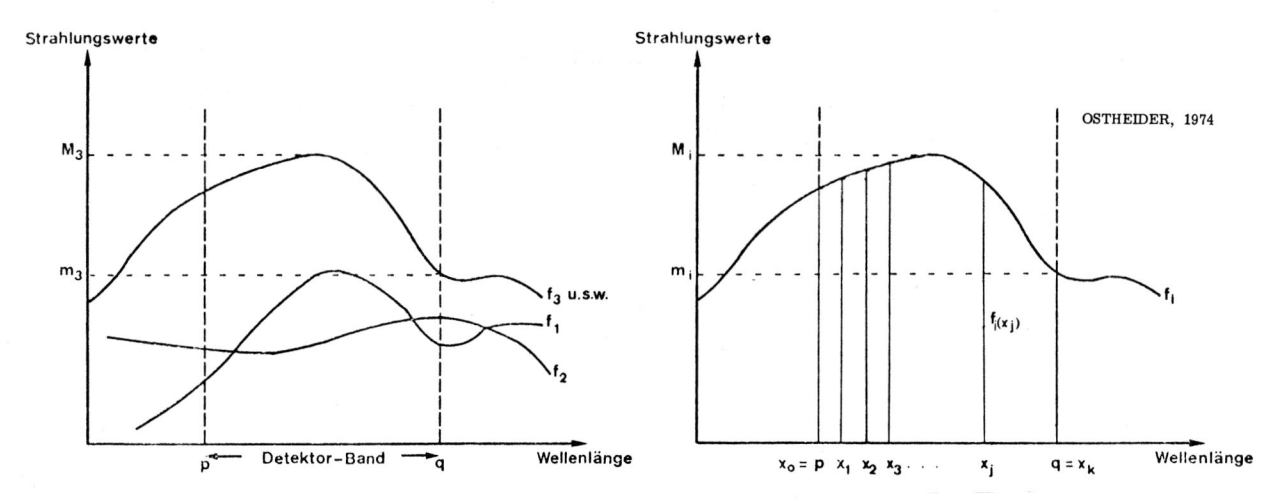

Abb. 28. a. Strahlungsenergieverteilungskurven f_i, i=1,2,...,mn.
b. Einteilung von $[p,q]$ in k Teilintervalle.

4.3.3.2. Beziehung zwischen der Strahlung von Geländeobjekten verschiedener Größe und den Bildgrautönen bei festem Auflösungsvermögen

Zunächst sei das Geländeobjekt größer als das Boden-Auflösungselement. Unter der Voraussetzung eines i.w. homogenen Strahlungsverhaltens kann in diesem Fall das Erdobjekt eindeutig im Bild als Punktmenge mit spezifischem einheitlichem Grauton g_i wiedererkannt werden, falls diese sich klar durch Densitätskontraste von ihrem Hintergrund abhebt und sofern die Detailerkennbarkeitsschwelle mit der Auflösungsgrenze koinzidiert (vgl. 6.1.).
Eine qualitative Korrelation von Grauton und Objekt ist möglich.

Nun sei dagegen das Blickfeld des Aufnahmegeräts großflächiger als die darin vorhandenen individuellen Bodenobjekte.
In diesem Fall stellt die vom Sensor empfangene Gesamtintensität eine Integration über die inhomogenen Strahlungen der diversen Quellen innerhalb von A_i dar. Es ist daher unmöglich, aus dem gemessenen Wert s_i Rückschlüsse auf die einzelnen strahlenden Objekte zu ziehen, da diese auf mannigfaltige Weise zusammengesetzt und angeordnet sein können. Besonders zu beachten ist diese Tatsache bei der Auswertung von IR-Aufnahmen.

4.3.3.3. Vergleich der Grautondarstellungen desselben Geländeausschnitts bei unterschiedlicher Boden-Auflösung

Nun seien zwei Bilder B_1 und B_2 derselben Geländeszene vorhanden, für die alle Systemparameter identisch sein sollen und die sich nur im Auflösungsvermögen derart unterscheiden, daß l Bodenelemente $A_1,\ldots,A_l$ im Bild B_1 durch l Bildpunkte $P_1,\ldots,P_l$ wiedergegeben werden, während sie im Bild B_2 insgesamt zu einem einzigen Bildpunkt P zusammengefaßt sind. Dann werden die in B_1 bildwirksamen Gesamtstrahlungsintensitäten $s_1,\ldots,s_l$ der l Bodenelemente, denen in B_1 die Grauwerte $g_1,\ldots,g_l$ entsprechen, im Bild B_2 durch einen Grauwert g ausgedrückt, der einen Zwischenwert dieser Intensitäten repräsentiert. Durch diese Zwischenwertbildung werden die Strahlungskontraste im Gelände abgeschwächt. Praktisch bedeutet dies, daß in B_2 die Grautonkontraste vermindert sind gegenüber B_1 und zwar sowohl zwischen benachbarten Bildpunkten wie auch fürs ganze Bild gesehen. Bild B_2 erscheint insgesamt flauer; der flächenmäßige Anteil von mittleren Grautönen nimmt zu, der von Weiß und Schwarz ab. Dies ist auch ein Grund für die bekannte Tatsache, daß mit zunehmender Flughöhe die Grauwerte einer bestimmten Bild-Geländeszene sich einem Zwischenwert nähern.

In Abb. 29 (Anhang) wird derselbe Geländeausschnitt, aufgenommen am selben Tag innerhalb kurzer Zeitabstände aus drei gestaffelten Flughöhen (2 000, 5 000, 10 000 ft.), auf drei Luftbildern mit unterschiedlichem Auflösungsvermögen dargestellt. Der geschilderte Zusammenhang zwischen Grauton und Auflösung ist deutlich zu erkennen. Auf einen weiteren in diesen Bildern gut feststellbaren Effekt, den des zeitlich variierenden Schattenwurfs bezüglich der Erkennbarkeit des Reliefs, sei hier nur am Rande hingewiesen.

5. BILDOBJEKTE, OBJEKTKATEGORIEN UND EISPARAMETER; ERTS

Zusammenfassung

Nach Abgrenzung der interessierenden Bildobjekte und Objektkategorien wird unter Berücksichtigung von Eiskarten-Legenden und der WMO-Eisnomenklatur eine in zeitstationäre und zeitvariable Inventur eingeteilte Eisparametertabelle aufgestellt, wobei zwei Parameterordnungsstufen unterschieden werden.
Um die Stellung der VHRR-Bilder gegenüber anderen Eisüberwachungsmethoden abzugrenzen, werden dann sowohl konventionelle Verfahren wie auch moderne Fernerkundungsmethoden – insbesondere die im Folgenden verwendeten ERTS-Aufnahmen – erörtert.

5.1. Meereis-Terminologie

Wendet man die Überlegungen im 3. Kapitel auf das Problem "Meereiserfassung mit Satellitenbildern" an, so müssen vor der endgültigen methodischen Interpretation noch die interessierenden Bildobjekte und Objektkategorien ausgewählt werden. Dafür ist zunächst herauszuarbeiten, welche Eiseigenschaften im einzelnen erfaßt werden sollen. Zu diesem Zwecke wurden die gängigen Eisbezeichnungen durchgesehen und miteinander verglichen.

Unter Berücksichtigung der vielfältigen Arten des Meereises und regionaler Eisunterschiede lassen sich die meereiskundlichen Begriffe nach mehreren Gesichtspunkten definieren und ordnen.
BRUNS (1962) führt die wichtigsten Klassifikationstypen mit Erläuterungen der ihnen zugrunde gelegten Prinzipien auf, wobei er sich auf sowjetische Veröffentlichungen stützt. Auf einer Kombination der verschiedenen Typen beruht die im Jahre 1956 von der WMO herausgegebene internationale Eisnomenklatur, veröffentlicht von BRUNS (1962) und NUSSER (1958) in deutscher Sprache. Da sie gemäß ARMSTRONG, ROBERTS, SWITHINBANK (1973) niemals in allgemein zugänglicher Form auf englisch publiziert worden ist, füllte das illustrierte Glossar der zuletzt genannten Autoren seinerzeit eine gewisse Lücke aus. Besonders beachtenswert ist die Angabe von äquivalenten Meereisbezeichnungen in acht verschiedenen Sprachen. Eine

zwölfsprachige Wiedergabe von allerdings teilweise veralteten
Begriffen enthält das Hydrographische Wörterbuch vom INTERNATIONAL HYDROGRAPHIC BUREAU (1951).
Von der Arbeitsgruppe "Meereis" der WMO-Kommission für maritime Meteorologie wurde eine neue Eisnomenklatur ausgearbeitet,
am 15. März 1968 vom Präsidenten der WMO genehmigt (UNESCO,
1972) und damit international anerkannt. Publiziert findet
man beispielsweise ihre englisch-russische photographisch illustrierte Fassung in einer WMO-Broschüre (1970) und eine weitere englische Version in einer Veröffentlichung des U.S.
NAVAL OCEANOGRAPHIC OFFICE (1968); die deutsche Übersetzung
stammt von KOSLOWSKI (1969), auszugsweise in DHI (1971) wiedergegeben, deren Gliederung in Abb. 30 (Anhang) schematisch
dargestellt ist.
Diese Nomenklatur gibt einen guten Überblick über die zur
Charakterisierung der Eisverhältnisse notwendigen Informationen. Sie umfaßt beschreibende Begriffe von Arten, Form, Lage,
Größe, Anordnung, Alter und Prozessen des Meereises mit den
zugehörigen Definitionen; enthält jedoch wesentlich mehr Eismerkmale, als aus den gegenwärtigen Satellitenbildern feststellbar sind, wie z.B. feinere Deformationsstrukturen des
Eises.
Eine weitere Möglichkeit, die zu interpretierenden oder zu
messenden Größen herauszufinden, bietet sich in einer Auflistung der Legenden von verschiedenen in der Praxis verwendeten Eiskarten und Eisbeobachtungsschlüsseln. Ein Vergleich
zeigt aber, daß alle das Meereis betreffenden Punkte dieser
Legenden vollständig von der WMO-Nomenklatur erfaßt werden,
so daß diese den weit größeren Überblick bietet.
Im Hinblick auf eine Satellitenbild-Auswertung wird es jedoch
als unbefriedigend empfunden, daß in der WMO-Nomenklatur die
kinetischen Eigenschaften des Eises zu wenig berücksichtigt
sind.

5.2. Eisobjekte und Objektkategorien

Da nur die Bildobjekte in der näheren Umgebung von Signaturen,
welche Meereis in irgendeiner Form repräsentieren, untersucht
werden müssen und alle Erscheinungen auf dem Festlande

unberücksichtigt bleiben dürfen, genügt eine Aufteilung in
die vier Kategorien E, B, W und L der Objekte stellvertretend
für "Meereis", "Bewölkung", "Wasser" und "Landumrisse", so
daß als sekundäre Bildinformation
T = {alle Signaturen für: Meereis, Bewölkung, Wasser, Landumrisse}

  = E ∪ B ∪ W ∪ L

resultiert (vgl. 3.2.).

Die Elemente der Kategorien B, W und L müssen nicht näher
aufgeschlüsselt werden, wohingegen die Notwendigkeit einer
weiteren Unterteilung der Eiskategorie E in die drei Objektklassen "im Meer vorkommendes Landeis", "Festeis" und "Treibeis" besteht, wobei zur Vereinfachung – entgegen der WMO-Einteilung – Neueis zur Klasse "Treibeis" gerechnet werden
soll.

Bei der Bildauswertung stellt man im eisbedeckten Meeresgebiet anfangs nur die Existenz von weißen Flecken fest, die
nach Trennung von den übrigen drei Objektgruppen z.B. in die
Kategorie E eingeordnet werden; weitergehende Identifikation
erlaubt ferner die Zuordnung zu einer der drei genannten Eissignatur-Klassen.

5.3. Auswahl spezieller Eisparameter

Die interessierenden Eismerkmale sollen Eisparameter genannt
werden, sofern zu ihrer Erfassung eine messende Analyse der
unmittelbar damit assoziierten Bildobjekte erforderlich ist.
Falls die Untersuchung von Eisobjekten genügt, wird von Parametern 1. Ordnung gesprochen; müssen zusätzlich Wasser-,
Wolken- oder Landsignaturen herangezogen werden, so handelt
es sich um solche 2. Ordnung.

Durch subjektives Filtern der literaturmäßig erwähnten Gesamtinformationen zur Beschreibung der Eisverhältnisse wurden die für eine Satellitenbild-Auswertung relevant erscheinenden Parameter aussortiert und in Tab. 5 aufgelistet.
Dabei war davon auszugehen, daß ein einzelnes Satellitenbild
vorwiegend eine Bestandsaufnahme (was, wo, wann?) des Geländezustands zu einem festen Zeitpunkt ermöglichen und nur
indirekt Hinweise auf Ursache-Wirkung-Beziehungen (wie und

EISPARAMETER		assoziierte Bildobjekte	Parameter-Ordnung
zeitstationäre Inventur	zeitvariable Inventur		
TREIBEIS Größe, Umriß, Lokation, Orientierung von Schollen	Drift: Geschwind., Richtung, Drehung, Weg einzelner Schollen; kurz- u. langfristige Eisbewegungen; Eisexport aus N'Polarmeer in Grönlandsee: Gesamtexport pro Zeiteinheit, Variationen	Tr, W	2
FESTEIS Abgrenzungen zw. Festeis u. Treibeis, Landeis, Küste, offenem Wasser	saisonale Unterschiede in Lage u. Ausdehnung; Landlösung des Festeises	Tr,Fe,La,L,W	2
LANDEIS Unterscheidung vom Meereis	Unterschiedliche Drift (Geschwind., Richtung, Drehung) von Landeis u. Meereis	Tr,Fe,La,W	2
ENTWICKLUNGSSTADIEN Eisalter, Eisdicke; v.a. Unterscheidung zw. einjähr. u. mehrjähr. Eis	Entstehung und Abbau von Meereis	Tr,Fe	1
ABSCHMELZSTADIEN Flächenanteil von Pfützen, Schmelzwasserlöchern, Überflutungen; wasserfreies Eis, verrottetes Eis	Zeitliche Veränderungen der flächenhaften Ausdehnung von Pfützen etc.	Tr,Fe,La	1
SCHNEEBEDECKUNG Dicke und Wassergehalt der Schneedecke	zeitliche Variationen der Schneedeckenmächtigkeit	Tr,Fe,La	1
OBERFLÄCHEN-TOPOGRAPHIE Preßeisrücken, -hügel, aufgerichtete Schollen, übereinandergeschobenes Eis	Verfolgung der Entstehung und Zerstörung von Reliefformen	Tr,Fe,La	1
ANORDNUNG Vergesellschaftung, Verteilung; Eisfeld, Eisgürtel, Eiszunge, Eisstreifen, Eisbucht, Eisstauung	zeitliche Variationen	Tr,Fe,La,W	2
ÖFFNUNGEN IM EIS Größe, Umriß, Lokation, Orientierung, Anordnung u. Verteilung von Brüchen, Rinnen, Polynyen	Verfolgung der Entstehung, Bewegung u. Schließung von Öffnungen im Eis	Tr,Fe,W,L	2
TREIBEIS-KONZENTRATION Verhältnis in Zehntel zw. eisbedeckter u. gesamter Wasserfläche in best. Gebiet; Abgrenzung zw. Treibeisgebieten verschied. Konz.	Veränderungen der Konz.; Auflockern (destruktive Phase, Zerfall des Eisverbands), Zusammenschieben (konstruktive Phase) des Treibeises; N-S-Wandern der 100% Konzentrations-Linie	Tr,W	2
EISRAND Abgrenzung zw. offenem Meer u. Meereis; Ausprägung: aufgelockert oder kompakt	Erfassung der zeitl.-räuml. Dynamik der Eisrandlage: Rhythmus in best. Zeitintervallen, mittlere Lage in festem Zeitraum, Grenze für extreme Ausdehnung (Min., Max.)	Tr,La,W	2

OSTHEIDER, 1974

Tab. 5. Ausgewählte Eisparameter, assoziierte Bildobjekte und Parameter-Ordnungen.
Tr = Treibeis, Fe = Festeis, La = Landeis, W = Wasser, L = Land

warum?) liefern kann. Da der Satellit periodisch dasselbe
Gebiet überstreicht, steht zusätzlich eine zeitliche Folge
von Aufnahmen zur Verfügung, womit auch dynamische Prozesse
an der Erdoberfläche erfaßt werden können. Dadurch ist die
Möglichkeit gegeben, einerseits durch eine Einzelbildauswertung den Meereiszustand zu bestimmter Zeit festzuhalten, andererseits Bewegungsabläufe des Eises über verschiedene Zeitepochen zu überwachen. Dementsprechend wurde die Parametertabelle in eine 3-dimensionale (x, y, g veränderlich, festes
k; vgl. 3.1.) zeitstationäre und eine 4-dimensionale (x, y,
g, t veränderlich) zeitvariable Inventur eingeteilt, wobei
unter letztere alle kinetischen Prozesse fallen.

5.4. Erfassung der Parameter mit konventionellen Methoden; Eisdienste, Eiskarten

Die Erfassung der Eisparameter geschieht im Rahmen von Eisüberwachungs-Systemen (Abb. 31), wobei der ablaufende Arbeitsgang sich aufgliedert in Beobachtung und Messung, Analyse,
Synthese und Prognose.

Konventionelle Eisbeobachtungen von Bojen, Küsten-, Eis- und
Schiffsstationen aus sind unzureichend, da punktuell bzw.
regional eng begrenzt und linienhaft durchgeführt. Außerdem
ist das Beobachtungsnetz besonders im meldearmen Bereich der
Ostgrönlandsee wegen der lückenhaften Verteilung der Stationen
nicht engmaschig genug, so daß ein verfälschtes Bild des Eiszustandes in dazwischen liegenden Gebieten durch unzulässige
Extrapolationen entstehen kann. Die wesentliche Frage, ob und
in welchem Maße von den detailliert bekannten Daten der Beobachtungsstandorte auf die Eisverhältnisse an entfernteren Orten
geschlossen werden darf, wobei auch die Abhängigkeit dieser
Schlußweise von bestimmten Wetter- und Eislagen berücksichtigt
werden müßte, ist bis heute aufgrund mangelnder Forschungsansätze noch völlig offen.

Das Netzwerk der lokalen bodennahen Untersuchungen wird sporadisch durchsetzt von Flugzeug-Beobachtungsstreifen, die man
aber nur bedingt als flächenhaft bezeichnen kann. Außerdem ist

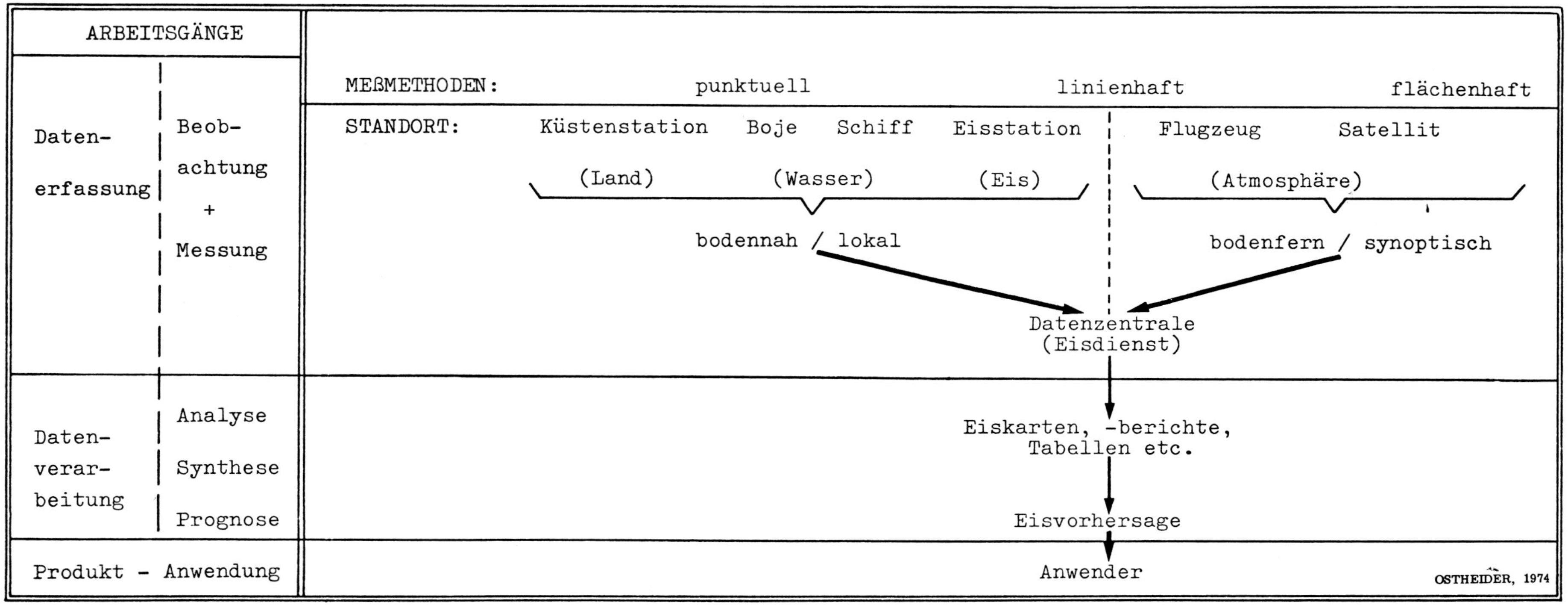

ARBEITSGÄNGE					
	MEßMETHODEN:	punktuell		linienhaft	flächenhaft
	STANDORT:	Küstenstation Boje Schiff	Eisstation	Flugzeug	Satellit
		(Land) (Wasser)	(Eis)	(Atmosphäre)	
Daten- erfassung	Beob- achtung + Messung	bodennah / lokal		bodenfern / synoptisch	
		→ Datenzentrale ← (Eisdienst)			
Daten- verar- beitung	Analyse Synthese Prognose	→ Eiskarten, -berichte, Tabellen etc. → Eisvorhersage			
Produkt - Anwendung		→ Anwender			

OSTHEIDER, 1974

Abb. 31. Aufbau eines Eisüberwachungs-Systems.

die Einsatzfähigkeit der Flugzeuge und Helikopter durch die Wetterabhängigkeit, die schwierige Navigation im arktischen Gebiet und die z.T. kurze Reichweite sehr beeinträchtigt. Besonders die nördliche Ostgrönlandsee wird nur selten beflogen:
- Die isländische Küstenwache fliegt nur im küstennahen Bereich ihres eigenen Landes.
- Der dänische Eisdienst führt an der ostgrönländischen Küste von den Landeplätzen in Narssarssuaq, Kulusuk und Mestersvig aus Eiserkundungsflüge durch, allerdings vorwiegend im Sommer und nur selten nördlich von 68°N. Anhand der Angaben in den vom DANISH METEOROLOGICAL INSTITUTE (1974) als Mikrofilm herausgegebenen originalen Patrouillen-Eiskarten konnte ein Überblick über die tatsächlich im Jahre 1973 durchgeführten dänischen Eisbefliegungen gewonnen werden (Tab. 6).

Nördlichste Breitenlage der Flüge (angenähert)	Anzahl der Flugtage[+] 1973	Datum der Flüge 1973
79°N	1	3.8.
77°N	4	23./24./25.7., 17.8.
76°N	1	18.8.
75°N	2	14./15.7.
72°N	6	18.3., 1./6./8./20.8., 3.9.
71°N	1	22.9.
68°N	3	13.5., 10.11., 28.12.
66°N	2	12.8., 25.9.
65°N	18	Jan.-Dez.

OSTHEIDER, 1974

[+]Anzahl der Flugtage 1973, an denen diese Breitenlage erreicht, aber nicht nach N überflogen wurde.

Tab. 6. Dänische Eiserkundungsflüge vor der ostgrönländischen Küste im Jahre 1973.

- Lediglich die U.S.-amerikanische Marine befliegt das Gebiet fast ganzjährig, jedoch in unregelmäßigen Abständen; Beobachtungen und Ergebnisse werden nach mehreren Monaten in den "Birds Eye Reports" des U.S. NAVAL OCEANOGRAPHIC OFFICE veröffentlicht.

Die Häufigkeit der Eisaufklärung aus der Luft ist somit in der Ostgrönlandsee keineswegs ausreichend, was auch HEAP (1972) feststellte:

> "Apart from a number of United States "Birdseye" flights over the East Greenland pack ice there has been little in the way of larger scale regular airborne observation over the North Atlantic despite its importance to fisheries and, possibly, to the weather of north-west Europe."

Die dänischen Eisflüge werden als reine Augenaufklärung durchgeführt (NIELSEN, 1974), so daß eine stark subjektive Komponente bei der Berichterstattung eine Rolle spielt:

> "The observations will inevitably be stamped subjective by the individual observer, ... " (FABRICIUS, 1965)

Zur Demonstration dieser Tatsache sind in Abb. 32 (Anhang) zwei dänische Patrouillen-Eiskarten desselben Gebietes und vom selben Tag einander gegenübergestellt, die von zwei verschiedenen Eisbeobachtern gezeichnet worden sind und auffallende Abweichungen bezüglich der Eiszustandsbeschreibungen aufweisen.

Während der amerikanischen "Birds Eye" Missionen werden häufig Luftbilder aufgenommen, die vorwiegend als Referenzmaterial bei der Auswertung von gleichzeitig hergestellten Aufnahmen mit moderneren Fernerkundungsgeräten dienen. Regelmäßige Bildbefliegungen zur Überwachung des Eises kommen aus finanziellen Gründen gar nicht in Frage: Es müßte häufig und große Flächen deckend geflogen werden, ganz abgesehen vom hohen Personalaufwand zur Bildherstellung und -auswertung. Der Nutzen von Luftbildinterpretationen liegt auf anderen Gebieten:

> "...it is my opinion that photo-interpretation has little direct usefulness in forecast reconnaissance, but that it has many other applications in the study of sea ice: as an auxiliary aid in forecasting, as a training aid for ice observers, and as a basic tool in climatic and other studies." (DUNBAR, 1960)

Anschaulich illustrierte Beispiele für die Luftbildanwendung finden sich in THORÉN (1964).

Mit modernen Fernmelde-Einrichtungen wie z.B. Telegraphie-, Funk- und Faksimilegeräten können die gemessenen und beobachteten Eisinformationen schnell und zuverlässig an die datensammelnden Zentralen der Eisdienste übermittelt werden, wo sie gesichtet und nach Aufbereitung in Form von Berichten, Karten, Eisschlüsseln und ähnlichem mit entsprechenden nachrichtentechnischen Mitteln an die Anwender weitergeleitet werden. Der wirtschaftliche Nutzen des Eisüberwachungs-Systems ergibt sich dann vor allem aus der Kosteneinsparung durch Vermeidung von materiellen und personellen Schäden bei Schiffsfahrten in Eisgebieten und aus der rationellen Planung von Schiffsrouten.

Von den Eisdiensten in Dänemark, England, Norwegen und U.S.A., in deren Überwachungsbereich die Ostgrönlandsee fällt, werden bei der Herstellung der synoptischen Eiskarten auch regelmäßig die flächendeckenden Wettersatellitenbilder als wesentliches Hilfsmittel zur Kartierung und Vorhersage herangezogen (Tab. 7; Quellen: BREISTEIN, 1974; JAYACHANDRAN, 1974; SIGURDSSON, 1974; U.S. NAVAL OC. OFF., 1973; VALEUR, 1974). Dabei handelt es sich um qualitativ-subjektive Interpretationen, die bei der Bearbeitung desselben Gebietes von verschiedenen Eisdiensten häufig voneinander abweichende Ergebnisse aufweisen.

Die aktuelle Eiskarte beschreibt den Zustand des Eises durch Darstellung der räumlichen Verteilung wichtiger Eisparameter zu einem festen Zeitpunkt. Hieran können Bewegungen und Entwicklungen des Eises studiert und anhand der daraus gewonnenen Erkenntnisse Vorhersagen abgeleitet werden. Die Prognose erfolgt dabei vorwiegend empirisch intuitiv auf der Basis von Erfahrungen und Kenntnissen des Bearbeiters; eine numerisch-objektive, auf physikalischen Gesetzen beruhende Methode fehlt noch.
Durch Mittelwertbildungen wird das Datenmaterial teilweise zu Wochen- und Monatskarten aufgearbeitet. Die Eisatlanten (ARMSTRONG, 1964) stützen sich auf langjährige Beobachtungsreihen.

Staat	Organisation, Ort	periodische Eiskarten	verwendete Satellitenbilder	Befliegungen der Ostgrönlandsee	Karten-Beisp. in der Arbeit
Dänemark	Det Danske Meteorologiske Institut, Charlottenlund	1-2/Woche (nur intern; am Jahresende auf Mikrofilm; später im Jahresbericht als Karten)	ESSA-8 NOAA-2/3 SR	v.a. im Sommer; häufig Gebiet südl. 63°N, mehrmals südl. 65°N, selten nördlich davon. (iscentralen Narssarssuaq)	X
England	Meteorological Office, Bracknell	tägl.; monatlich	ESSA-8 NOAA-2/3 SR IR (manchmal)		X
Island	Meteor. Dienst, Reykjavik	(einige Karten später in 'Jökull' publiziert)		nahe isländischer Küste (Küstenwache)	
Norwegen	Det Norske Meteorologiske Institutt, Oslo	2/Woche	NOAA-2/3 SR IR		X
U.S.A.	Sea Ice Department, Fleet Weather Facility, Suitland, Md.	1/Woche	NOAA-2/3 SR, VHRR Nimbus-5 MW gelegentlich ERTS-1	Birds Eye-Flüge; unregelmäßig, z.B. 1973 mehrere Flüge im März u. Juli (Naval Oceanographic Office). Eiserkundungsflüge; 20-30 Flugstd/Monat, März-Nov. (U.S. Navy)	X

OSTHEIDER, 1974

Tab. 7. Eisdienste mehrerer Länder, in deren Überwachungsbereich die Ostgrönlandsee fällt.
Stand: Februar 1974.
zusammengestellt von OSTHEIDER nach diversen Quellen.

5.5. Fernerkundungsmethoden; ERTS

Moderne Fernerkundungsverfahren bieten die Möglichkeit, das Meereis auch nachts – wie die VHRR-IR-Bilder – und bei jeder Wetterlage zu überwachen (Tab. 8). Es ist zu erwarten, daß die Eisdienste sich in Zukunft dieser neuen Geräte bedienen werden. Einen Vorstoß in dieser Richtung machte bereits der kanadische Dienst im Rahmen seines Eisflug-Erkundungsprogramms (INFORMATION CANADA, 1971). Ebenso werden während der amerikanischen "Birds Eye" Flüge Remote Sensing Experimente durchgeführt. Man kann aber noch keineswegs von einem operationellen Einsatz aktiver Verfahren im zivilen Sektor sprechen, wohingegen die wichtigsten passiven Methoden seit längerem durch den Einbau entsprechender Geräte in Wettersatelliten erprobt und die Aufnahmen der Öffentlichkeit zugänglich gemacht worden sind.

Abb. 33 (Anhang) zeigt drei im Jahre 1973 mit einem abtastenden Mikrowellen-Radiometer im Satelliten Nimbus 5 aufgenommene Bilder des grönländischen Bereiches, die aufgrund ihrer Wolkenlosigkeit und der Wiedergabe der Emission im längerwelligen Spektralbereich dieselbe Geländeszene ganz anders darstellen als die VHRR-Aufnahmen vom selben Datum (NASA, GSFC, 1972).

Ausführliche Erläuterungen der Remote Sensing Verfahren finden sich in den diversen ESRO-Studien.

Es sei noch auf die Tatsache hingewiesen, daß es gegenwärtig kein Fernerkundungsgerät gibt, mit dem die Dicke des Meereises festgestellt werden könnte:

> "The most important equipment development problem as related to mesoscale [sea ice; d. Verf.] studies is the present lack of an instrument that remotely measures ice thickness. ... ..the current prospects for the rapid development of an adequate remote air-borne sea ice thickness sensing system do not appear promising."
> (WEEKS, HIBLER, ACKLEY, 1973)

Seit dem 23.7.1972 umkreist der Satellit ERTS-1 die Erde sonnensynchron mit einer Inklination von ca. $99,1°$, einer Umlaufperiode von 103 Minuten, einer Höhe von 494 nm (ca. 915 km) über der Erdoberfläche und einem 18-tägigen Repetitions-Zyklus (NASA, GSFC, 1971).

	Passive Verfahren			Aktive Verfahren	
	im sichtbaren Bereich	im thermalen Infrarot	im Mikrowellen-Bereich	Radar	Laser
Allwettersystem (durchdringt Wolken)	nein	nein	ja	ja	nein
Aufnahme Tag u. Nacht (ganztägig, ganzjährig)	nein	ja	ja	ja	ja

OSTHEIDER, 1974

Tab. 8. Einsatzmöglichkeiten verschiedener Fernerkundungsverfahren.

An Bord befindet sich ein linienabtastendes passives Gerät, der Multi-Spektral Scanner (MSS), welches i.w. nach demselben Prinzip wie die VHR-Radiometer in den Bandbereichen

$$0,5 - 0,6 \mu \quad (\text{MSS } 4)$$
$$0,6 - 0,7 \mu \quad (\text{MSS } 5)$$
$$0,7 - 0,8 \mu \quad (\text{MSS } 6)$$
$$0,8 - 1,1 \mu \quad (\text{MSS } 7)$$

arbeitet, und zwar liefert es synchron je eine Aufnahme pro Spektralbereich (vgl. Abb. 25).

Die einander entsprechenden Bildabschnitte zweier aufeinander folgender Umläufe besitzen eine polwärts zunehmende Seitenüberlappung, die bei 80°N/S etwa 90% beträgt (CCRS, 1974), so daß sich bei gutem Wetter für ein Gebiet auf einer Breite von 70°N vier Aufnahmetage gefolgt von einer vierzehntägigen Lücke ergeben. Aufnahmen nördlich von 80°N liegen nicht vor (WEEKS, HIBLER, ACKLEY, 1973). Aufnahmen aus Gebieten außerhalb des real time Empfangsbereichs der U.S.-amerikanischen und ggf. auch der übrigen ERTS-Bodenstationen können im Satelliten auf Band gespeichert und später in den U.S.A. abgerufen werden.

Die empfangenen elektronischen Signale werden auf Computerband oder nach geeigneter Umwandlung als analoge Grautöne in ungefähr quadratischen 70 mm-Photonegativen (incl. Bildrand) wiedergegeben, deren Maßstab entlang eines Scanstreifens ca. 1 : 3 369 000 beträgt. Auf die ebenfalls mögliche Darstellung als fortlaufende Bildstreifen hat man aus praktischen Erwägungen heraus verzichtet.

Die Grautöne der Aufnahmen repräsentieren verschiedene Reflexionsintensitäten der Geländeszene im jeweiligen MSS-Kanal. Durch Übereinanderkopieren von simultanen Bildern in verschiedenen Spektralbereichen und geeignete Densitätsfarbkodierung stellt man die "color composites" her.

Die ERTS-Produkte sind im Handel erhältlich. Sofern ein Käufer z.B. beim EROS Data Center in Sioux Falls, South Dakota, keine speziellen Photo-Entwicklungsaufträge erteilt, erhält er die bestellten Transparent-Negative auf Umkehrfilm, wodurch für den Hersteller nur ein Repro-Arbeitsgang nötig ist. Der begrenzte Dichtebereich des verwendeten Filmmaterials erlaubt allerdings nicht die volle Wiedergabe der Densitäten des Originalnegativs.

> "These negatives [die Repros; d.Verf.] are quite useful
> for making paper reproductions of the imagery since
> paper inherently has an even more compressed density
> range. They are of limited value, however, for customers
> planning to do radiometric studies or creating their
> own color composites." (U.S.G.S., 1974)

Für quantitative Strahlungsmessungen und intensive Bildanalyse eignen sich am besten die kostspieligen Computerbänder, auf denen 128 Intensitätsstufen unterschieden werden im Gegensatz zu den 16 Graustufen der Photos (BODECHTEL, DITTEL, HAYDN, 1974).

Die Länge eines MSS-Erdabtaststreifens und damit die Gesamtbreite einer Bildzeile senkrecht zur Subsatellitenbahn entsprechen einer Erdstrecke von 185 km. Nach COLVOCORESSES (1972a) beträgt die ursprüngliche systembedingte Boden-Auflösung des Scan-Gerätes 79 m, die sich jedoch aufgrund der weiteren Verarbeitung zu 224 m bei großen (1000:1) und 316 m bei geringen (1,6:1) Geländekontrasten vermindert.

Im Goddard Space Flight Center der NASA verarbeitet man die MSS-Rohdaten zu systemkorrigierten (bulk imagery) und seltener zu kontrollpunktmäßig szenenkorrigierten (precision) Bildern. Für die erstgenannten geben COLVOCORESSES, McEWEN (1973) als maximalen Maßstab bei Papierabzügen den Wert 1 : 250 000 an, obwohl sie feststellen:

> "We acknowledge that many ERTS 1 images have particular
> features that can be effectively enlarged to scales of
> 1 : 100 000 or larger; high-contrast land-water inter-
> faces are good examples."

Die Geometrie der bearbeiteten Scanner-Bilder ist relativ komplex und läßt sich nicht in Form einer genau definierten Projektion angeben. Paßt man ein Koordinatensystem der Bildgeometrie an, so ergibt sich ähnlich wie bei den VHRR-Aufnahmen ein verbogenes Netz und die bildinhärenten Maßstabsänderungen treten deutlich hervor (COLVOCORESSES, 1972b).

Zur Positionierung der MSS-bulk-Aufnahmen sind an den Bildrändern ganzzahlige Längen- und Breitenkoordinaten und die Lage des Bildmittelpunkts aufgeführt. Diese Angaben basieren auf den Umlaufdaten des Satelliten und sind mit gewissen Fehlern behaftet; z.B. geben COLVOCORESSES, McEWEN eine Fehlpositionierung von 5 km für die Mitte eines von ihnen analysierten Bildes an. Steht allerdings für die Geländeszene eine genaue topographische Karte zur Verfügung, so kann durch Identifizierung von einander entsprechenden Punkten und Feststellung der Kartenkoordinaten ein sehr genaues Bild-Netz konstruiert werden, wodurch sich der Lagefehler auf 200 - 450 m verringert.

Zehn als Filmnegative (bulk imagery) vorliegende ERTS-Aufnahmen der Ostgrönlandsee aus dem Jahre 1973 (Abb. 34, 35, 36; Anhang) werden im Folgenden als Vergleichsmaterial bei der bewertenden Analyse der VHRR-Bilder herangezogen. Im Hinblick darauf sind einige Tatsachen festzuhalten:
- Um die Grautonwiedergabe innerhalb einer Aufnahme qualitativ zu optimieren, wurden nach mehreren Versuchen mit Papiersorten und Belichtungszeiten bei der Herstellung der Papierabzüge im Anhang der Arbeit unterschiedliche Belichtungszeiten verwendet, wodurch z.T. die Grauskalen am Bildrand über- oder unterbelichtet erscheinen und der allgemeine Grautoneindruck von Szene zu Szene variiert. Für die Benutzung der Aufnahmen im Rahmen dieser Arbeit dürfte die Bildqualität aber ausreichend sein.
- Bei der gewählten Zeilenlänge von 18,5 cm beträgt der Soll-Maßstab der Papierabzüge gerade 1 : 1 Mio.
- Die Positionierung der landfernen Gebiete kann sich allein auf die Bahndaten des Satelliten stützen. Um überhaupt einen Anhaltspunkt für die geographische Lage der Bilder zu erhalten, wurde deshalb zunächst mit Hilfe der Randmarken für alle drei Bildsequenzen das zugehörige Koordinatennetz auf ein Overlay gezeichnet (Abb. 34, 35, 36). Dabei mußte einige Male zwischen den nicht ganz in Einklang zu bringenden Angaben zur selben Breiten- bzw. Längenposition auf verschiedenen Bildern derselben Passage interpoliert werden, wodurch einige Linien einen charakteristischen Knick aufweisen. Diese Diskrepanz erklärt sich durch den eigentlich gekrümmten Verlauf der Netzlinien.
Zur visuellen Darstellung der in Betracht kommenden Fehlpositionierungen wurde auf den Landgebieten durch den Vergleich von genau identifizierbaren Bildpunkten mit den

entsprechenden Kartenpunkten das geographische Netz der World Aeronautical Chart 1 : 1 Mio (Abb. 37) gestrichelt eingetragen. Dabei ergab sich i.a. eine recht gute Übereinstimmung; als maximaler Fehler wurde eine Abweichung von 8 km festgestellt. Für einen Vergleich der ERTS- und VHRR-Aufnahmen liegt dieser Lagefehler wohl durchaus innerhalb der Toleranzgrenze.

- In den Randangaben sind sowohl die Koordinaten des Bildmittelpunktes, also des Satellitenfußpunktes (vgl. 4.2.4.), wie auch die des Fußpunktes eines Lotes vom Satelliten auf die Erdoberfläche aufgeführt, wobei im letzten Falle das NASA Ellipsoid als Referenzfigur der Erde gewählt wurde. Legt man einen Breitenkreisabstand von 111 km zugrunde, so berechnet man aus den NASA-Angaben für die zwei Fußpunkte eine maximale Lagedifferenz von 11 km, aber eine durchschnittliche von nur 5 km.
- Bei dem in den ERTS-Aufnahmen und im Kartenausschnitt (Abb. 34-37) dargestellten Küstenabschnitt handelt es sich um das ostgrönländische Gebiet im näheren Umkreis der Insel Store Koldewey.

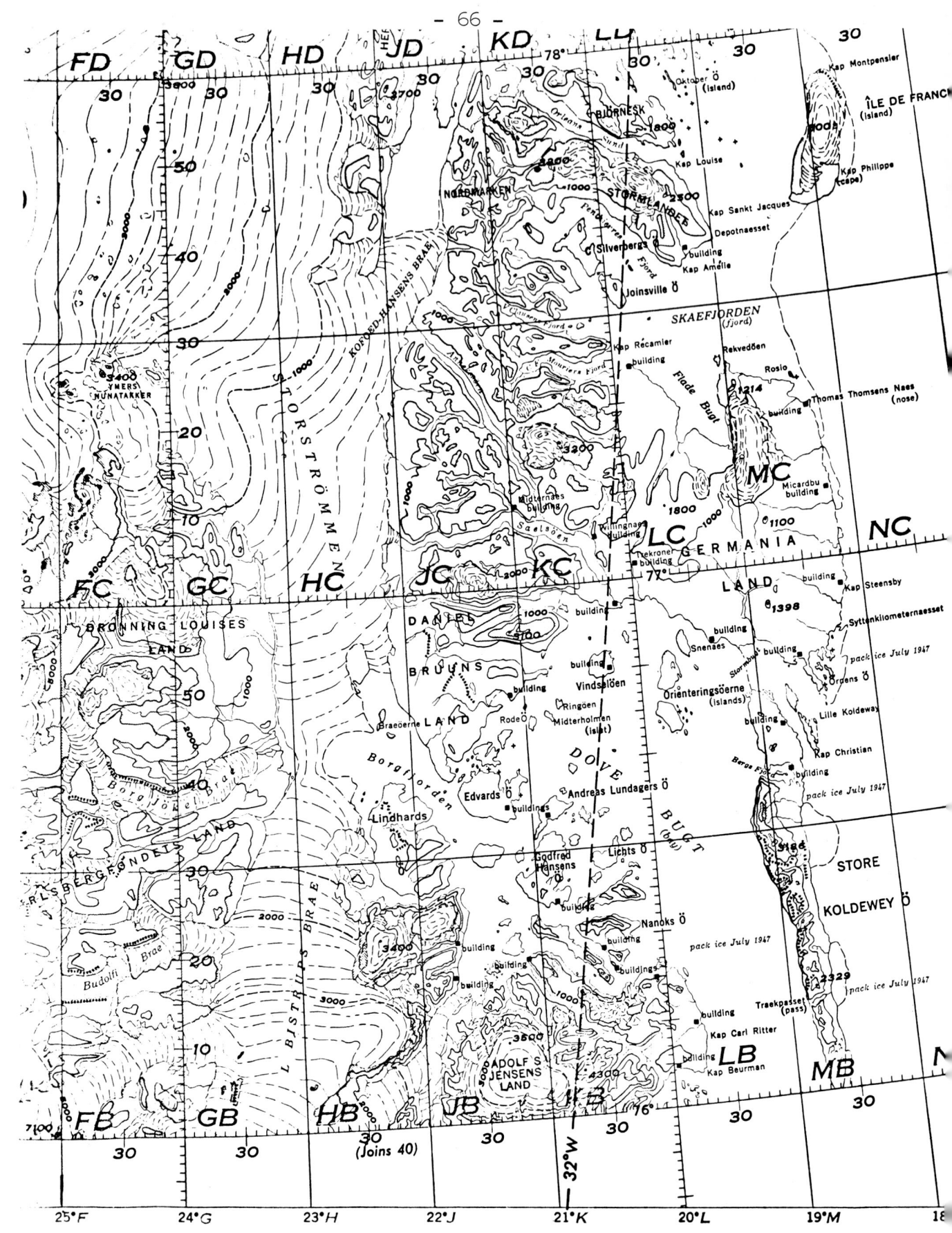

Abb. 37. Ausschnitt aus der World Aeronautical Chart,
1 : 1 Mio. - Bl. 18, Germania Land (1951, 1955).

6. RAUMFAKTOR

Zusammenfassung

Ausgehend vom vorhandenen ERTS- und VHRR-Bildmaterial soll in den Kapiteln 6, 7 und 8 abgegrenzt werden, welche Eisparameter in den Wettersatellitenaufnahmen identifizierbar und wie genau sie meßbar sind. Die inneren systembedingten Störmomente der Bildauswertung und die äußeren naturbedingten Gegebenheiten werden jeweils unter dem Begriff Spektral-, Raum- oder Zeitfaktor zusammengefaßt, wodurch sich für die nachfolgenden Überlegungen ein klares, aber auch simplifiziertes Ordnungsschema anbietet.

An die Definition und Erläuterung einiger Bezeichnungen zur Beschreibung des Bild-Ortsbereiches — Detailgröße, Ortsfrequenz, Mikro- und Makrobereich, Detailerkennbarkeit, Textur — schließt ein Kommentar zum Entwurf einer Meereisskalenklassifikation an, in welcher die Eisparameter gemäß ihrer Größenordnung zusammengestellt und in Beziehung zu ihrer Erkennbarkeit in Luft- und Satellitenbildern gesetzt worden sind.
Die praktische VHRR-Bildauswertung mit ERTS-Aufnahmen als Vergleichsmaterial ergab bezüglich Eisschollen eine mittlere Detailerkennbarkeit von 3-5 km, bezüglich offener Wasserflächen im Eis den Wert 1,5-2 km und bezüglich Linearstrukturen das überraschend gute Ergebnis von 0,5-1 km.
Im Makrobereich des VHRR-Bildes sind Schollen mit einem kleinsten Durchmesser von mehr als 13 km durchwegs sehr gut, kleinere Schollen dagegen unterschiedlich gut identifizierbar, wobei die Eiskonzentration die Erkennbarkeit beeinflußt.
Ein Vergleich des konstruierten VHRR-Netzes (4.2.3.) mit einer geographischen Karte zeigt einen Lagefehler unter 10 km; die Abweichung vom ERTS-Netz (nach Bildangaben) beläuft sich auf weniger als 5 km.

6.1. Ortsbereich des Bildes

Die Beeinflussung der Auswertung durch die räumlichen Eigenheiten der Bilder soll anhand mehrerer Untersuchungen im Ortsbereich festgestellt werden, der nach GUMTAU (1974) die geometrischen Parameter der Objektansprache umfaßt. GUMTAU zählt dazu Längen- und Flächenmessung, geometrische Identifizierung, Bestimmung der Bild- und Geländekoordinaten und führt als übliche Meßmethode den Maßstab an.
Ein Objekt wird in der Aufnahme in Abhängigkeit von seinen Geländedimensionen und dem zutreffenden Bildmaßstab verkleinert wiedergegeben. Als Maß für diese Verkleinerung dient die

Detailgröße b, worunter der kleinste Durchmesser eines flächenhaften Bildobjektes zu verstehen ist. Die Ortsfrequenz r ist dann durch $r = \frac{1}{2b}$ Linien pro mm gegeben.
KRUG, WEIDE (1972) teilen die Bildsignale ganz grob in Großflächen- und Detailinformationen auf; MEIENBERG (1966) unterscheidet Mikro- und Makrobereich eines Photos, zieht die Grenzlinie zwischen beiden bei einer Detailgröße b von 0,5 mm, also einer Ortsfrequenz r = 1 L/mm, und spricht im Mikrobereich von Feinstrukturen, im Makrobereich von Tönungsflächen. Diese auf den ersten Blick willkürlich erscheinende Grenzziehung findet ihre Erklärung in der Theorie zur Kontrastübertragung bei einer optisch-photographischen Abbildung, auf die MEIENBERG ausführlich eingeht.

Untersuchungen zur Detailerkennbarkeit spielen sich im Mikrobereich der Aufnahme ab und beziehen sich auf ein kompliziertes Wirkungsgefüge von Tönungen und Grautonkontrasten der dargestellten Geländeszene, Objektformen und -vergesellschaftungen und Objekt-Detailgrößen im Bild. Der Begriff "Detailerkennbarkeit" wird hier im Sinne von GIERLOFF-EMDEN (1974) als die Abmessung d.h. die Detailgröße des kleinsten homogen strahlenden Objektes verstanden, welches gerade noch auf dem Photo so abgebildet ist, daß die Existenz festgestellt werden kann und weiterhin keine Verwechslung mit gerätebedingten Aufnahmefehlern vorliegen soll. Dieser raumbezogene Terminus beinhaltet danach etwas ganz anderes als die verschiedenen wiederum voneinander klar zu trennenden gebräuchlichen Auflösungsbegriffe, was bei COLVOCORESSES, McEWEN (1973) und ROSENBERG (1971) näher erläutert wird. Daß die Detailerkennbarkeitsschwelle nicht ohne weiteres mit der photographischen oder der geometrischen (vgl. 4.2.1.) Auflösung gleichgesetzt werden kann, ist in einigen praktischen Bildauswertungen nachgewiesen. So sind bevorzugt Linearstrukturen, bei denen das Verhältnis von Breite zu Länge verschwindend klein ist, wegen ihrer verbreiterten Wiedergabe infolge von Überstrahlung und Bildverwaschung und der hierfür besonders geeigneten Sehschärfe des menschlichen Auges bereits bei geringerer Objektbreite einwandfrei in Aufnahmen zu erkennen, während kleine flächenhafte Strukturen trotz geringerer Ortsfrequenz oft schwer zu deuten sind. GIERLOFF-EMDEN (1974) bezieht sich auf das Verhältnis Flächenelement : Linienelement = 5 : 1. GIERLOFF-EMDEN, RUST (1971) entdeckten in einer Gemini IV-Aufnahme des Grenzgebietes New Mexico/Chihuahua eine 40 m weite Autopiste, während sie eine Siedlung von mehreren 100 m Ausdehnung nicht im Bild ausmachen konnten. OSTHEIDER (1972) kartierte aus einem Apollo-9-Bild von Phoenix sämtliche linearen Strukturen und konnte eine Reihe davon durch den Vergleich mit der topographischen Karte als Straßen identifizieren, deren Breite erheblich unter der Auflösungsgrenze zu suchen war.

Zum Erkennen feiner Details ist ein Mindestmaß an Kontrasten zwischen den Objekten und ihrem Hintergrund erforderlich.

> "Bei kleinen Objekten, die kontrastarm gegenüber der Umgebung sind, wird das objekteigene Signal durch die Signale der Umgebung überlagert und überdeckt." (GIERLOFF-EMDEN, 1974)

Andererseits kann ein zu großer Kontrast das Erkennen durch Überstrahlung beeinträchtigen. Diese Tatsache ist ganz besonders bei der photographischen Reproduktion von ERTS- und VHRR-Aufnahmen zu berücksichtigen, da durch falsche Behandlung nur allzu leicht Details in den Bildern verlorengehen.

Eine der Objektdetailgröße angepaßte Kontrastverstärkung mit den üblichen Methoden der Bildaufbereitung wird oft als subjektive Bildverbesserung empfunden. GUMTAU (1974) weist in diesem Zusammenhang auf die Erhöhung der Detailerkennbarkeit durch Herstellung von Äquidensiten hin. Auch WIECZOREK (1972) führte einen Forschungsansatz in dieser Richtung durch.

Im Mikrobereich abgebildete Phänomene mit regelmäßigem Strahlungsmuster werden "Textur" genannt und als Erkennbarkeitskriterium und Interpretationshilfsgröße herangezogen. Mit dem Aufnahmemaßstab verändern sich auch das Erscheinungsbild der Textur und die Größenklasse der darunter fallenden Geländeobjekte. Innerhalb eines festen Maßstabsbereiches kann die Textur einer Objektgruppe zur Identifizierung der einzelnen Objekte dienen.

> "Features that are normally pattern on customary photographs from the air often appear as photographic texture on orbital imagery." (CARTER, STONE, 1974)

Durch die räumliche Anordnung größerer Objekte entstehen die sogenannten Bild-Strukturen.

6.2. Meereisskalenklassifikation

Ausgehend von den in der Natur vorkommenden Ausmaßen sollen die zeitstationären Meereisparameter in ein Skalenschema eingeordnet werden, um damit einerseits die Menge der vermutlich mit den VHRR-Bildern erfaßbaren Parameter herauszufiltern und andererseits Feststellungen über die Anforderungen an Aufnahmesysteme zur Meereisüberwachung bezüglich der Detailwiedergabe zu treffen.

Durch Luft- und Satellitenbilder wurde das Studium von Erscheinungen, die größenmäßig im Bereich zwischen den örtlichen und den großräumigen angesiedelt sind, stark intensiviert. In diesem Zusammenhang wurden in der Ozeanographie und Meteorologie die Begriffe Mikro-, Meso- und Makroskala eingeführt (BARRETT, 1974), die jedoch auch innerhalb derselben Disziplin nicht einheitlich verwendet werden. Sie beziehen sich auf ein Maschennetz mit festgelegten Gitterpunktabständen, das

a) einem Gebiet der Erdoberfläche einfach nach den Erdentfernungen von bestimmten Lokalitäten, z.B. von Beobachtungsstationen, oder

b) den Naturphänomenen ganz abstrakt als Größenklassifikation oder

c) beim Vorliegen von ausgewählten Bildern den darin dargestellten Naturerscheinungen nach deren Erkennbarkeit im Bild

aufgeprägt wird. Die Betrachtungsweisen b) und c) stehen offensichtlich in einem inneren Zusammenhang, da die Erkennbarkeit sowohl von den Bildeigenschaften wie auch den natürlichen Größenordnungen abhängt. Abb. 38 stellt den Versuch dar, diese Beziehungen in Form einer schematischen Aufschlüsselung zu durchleuchten.

In Anlehnung an WEEKS, HIBLER, ACKLEY (1973) wurde die Größeneinteilung der drei Skalenbereiche festgelegt, wobei zwei Übergangsphasen ausgesondert sind. Die Gesamtskala erstreckt sich über zehn Größenordnungen von 10^{-4} m bis zu 10^6 m.

Nach WEEKS u.a. liegt im Mikroskalenbereich das Schwergewicht auf individuellen lokalen Eismerkmalen, die im Übergangsbereich zur Mesoskala an Wichtigkeit einbüßen, während hier allmählich derjenige Sektor beginnt, in dem die beobachteten

- 71 -

	MIKROSKALA		MESOSKALA		MAKROSKALA OSTHEIDER, 1974
Größenordnung	10^{-4} m 10 m	Übergangsbereich	100 m 5 km 50 km	Übergangsbereich	100 km 1000 km
wichtigstes Merkmal	individuelle innere Eisstruktur		Zusammenspiel von Schollen, Rinnen, Preßeisrücken		Verhalten des Treibeises als Ganzes
EIS-PARAMETER	chemische Zusammensetzung, Salzkristallbildung, Zerfallsmechanismus, Eisrisse	↓ ↑ ↑ ↓	Oberflächen-Topographie, ausgedehnte Schmelzwässer, Ausdehnung der Schneedecke, kleinere Öffnungen im Eis, Treibeis, Konz., Festeis, Eisinseln, Flächenverteilung, von Eisdicke/-alter, Anordnung, Eisrand	↓ ↑ ↑ ↓	große Öffnungen im Eis, Eisrand, Anordnung, großräumige Zirkulation
BEOBACHTUNGSORT	Boden		Flugzeug		Satellit
ERFORDERLICHE BODEN-AUFLÖSUNG	2 m		20 m 10 km		20 km 200 km

————— Luftbild —————   --- ERTS ---   ——— 180 km ——— VHRR

Abb. 38. Größenmäßige Skalenklassifikation der Meereisparameter.

Eiseigenschaften vorwiegend durch das Zusammenwirken von
Schollen, Rinnen und Preßeisrücken bedingt sind. In der Makroskala schließlich stellt das Verhalten des gesamten arktischen
Treibeises den Forschungsgegenstand dar.
Jedem Skalenabschnitt kann ein natürlicher Beobachtungsstandort — Boden, Flugzeug, Satellit — zugeordnet werden. Die erforderliche Boden-Auflösung bei Luft- und Satellitenaufnahmen
ist in Abb. 38 angegeben, wobei ein Verhältnis von 1 : 5
zwischen Eismerkmalsgröße und Auflösung des abbildenden Geräts
zugrunde gelegt wurde. Weiterhin wurden die durch ein Luft-,
ERTS- bzw. VHRR-Bild gedeckten Skalenintervalle sinngemäß
einander gegenübergestellt.

6.3. Objektidentifizierung im Mikrobereich des VHRR-Bildes

Zur Bewertung der VHRR-Aufnahmen mußte die Detailerkennbarkeit als wirksames Maß für die untere Schranke der Objektidentifizierung festgestellt werden. Dazu wurde eine Aufteilung
getroffen in Linearstrukturen einerseits, die in den eisbedeckten Meeresgebieten aber nur in Gestalt von offenen bzw.
nachträglich zugefrorenen Rinnen und länglichen Polynyen zu
finden sind, und in flächenhafte Strukturen andererseits,
die wiederum nach Eisschollen und Öffnungen im Eis unterschieden wurden. Die Trennung in die Bildobjekte "Wasser"
und "Treibeis" ergab sich dabei in natürlicher Weise aus der
großen Grautonspanne zwischen dem dunklen Wasser und dem hellen Eis.
Die Messungen wurden mit den VHRR- und ERTS-Papierabzügen (Abb.
34-36,39-41 Anh.) durchgeführt. Dies erwies sich als kein
Nachteil, denn Kontrollmessungen in den originalen Photos
brachten keine abweichenden Ergebnisse, waren aber wegen der
Transparenz der Bilder (Leuchttisch, Meßlupe) und der unhandlichen Maßstäbe viel zeitaufwendiger. Außerdem standen diverse
Abzüge desselben Originals zur Verfügung (vgl. auch 5.5.), so
daß es sofort bemerkt wurde, wenn kleine Schollen durch Überstrahlung wegen falscher Belichtung in einem Bild nicht mehr
zu finden waren.
Die Zusammenstellungen in Abb. 42, 43, 44 erheben keinen Anspruch auf Vollständigkeit, geben jedoch einen hinreichenden

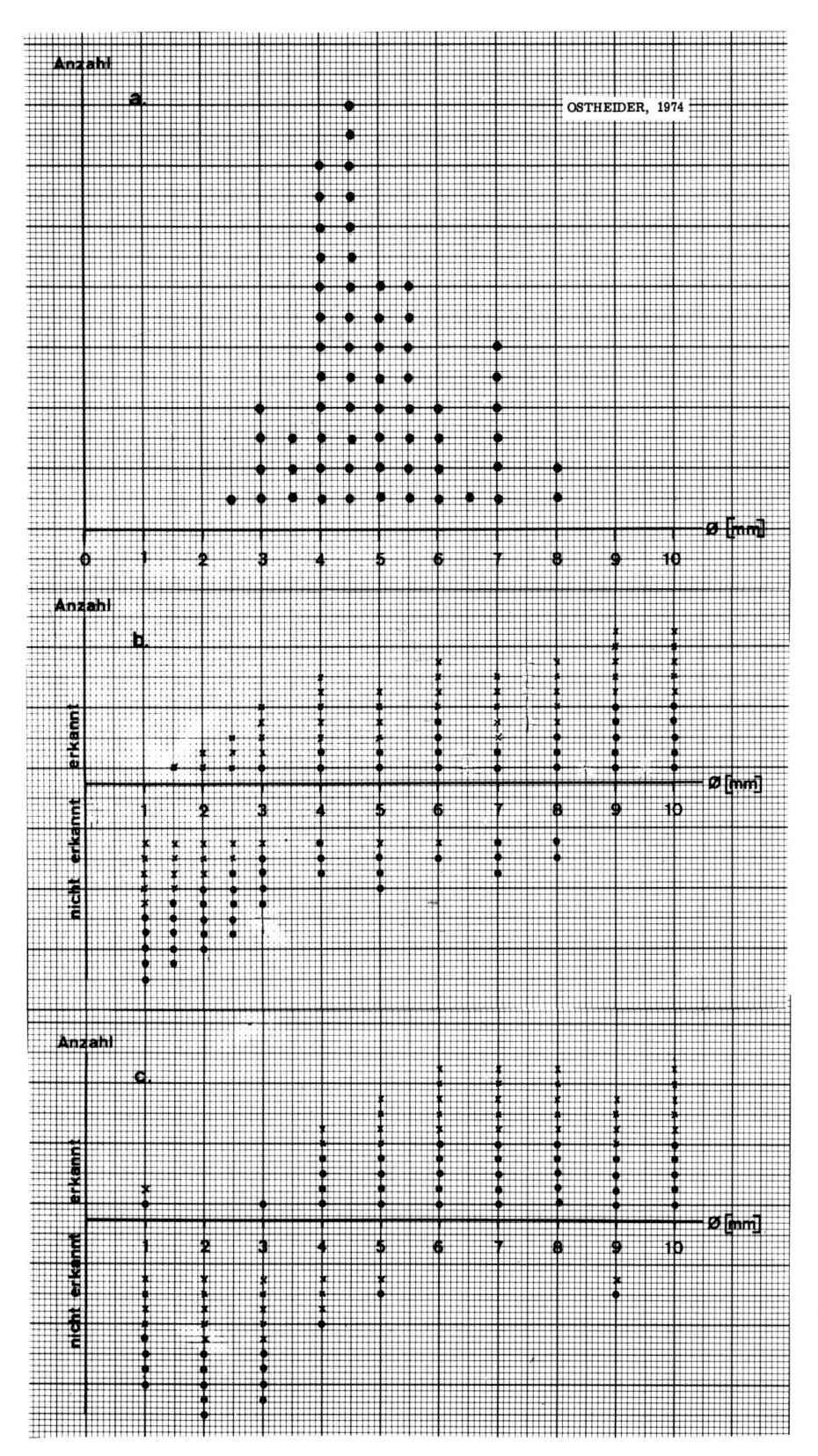

Abb. 42. Detailerkennbarkeit im VHRR-Bild.
a. Detailgröße der gerade noch identifizierbaren Eisschollen, Aufnahme vom 25.6.73.
b., c. Erkennbarkeit 'kleiner' Schollen aus den ERTS-Bildern in der VHRR-Aufnahme vom b. 25.6.73, c. 19.5.73; x = MSS 4 • = MSS 7.

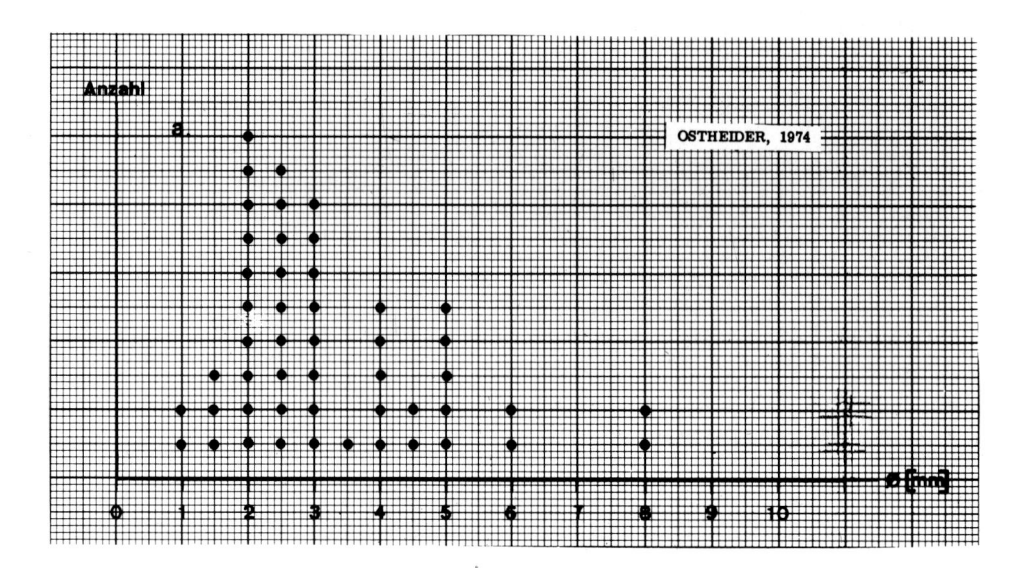

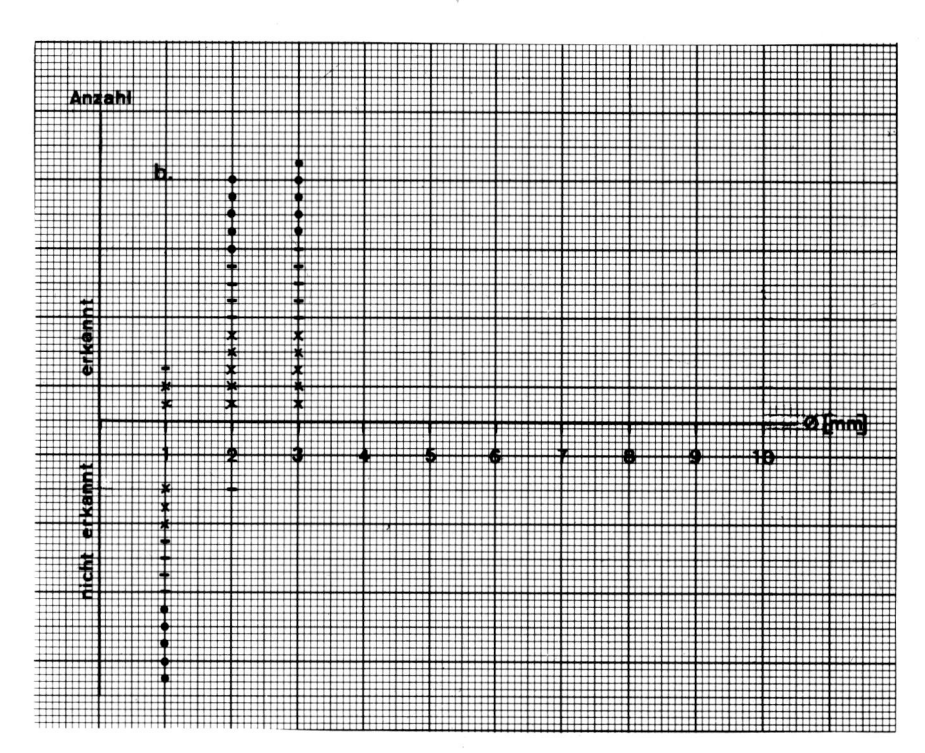

Abb. 43. Detailerkennbarkeit im VHRR-Bild.
 a. Detailgröße der gerade noch identifizierbaren
    Öffnungen im Eis, Aufnahme vom 19.5.73.
 b. Erkennbarkeit 'kleiner' Öffnungen im Eis aus den
    ERTS-Bildern in der VHRR-Aufnahme vom 19.5.73;
    × = MSS 4   − = MSS 5   • = MSS 7.

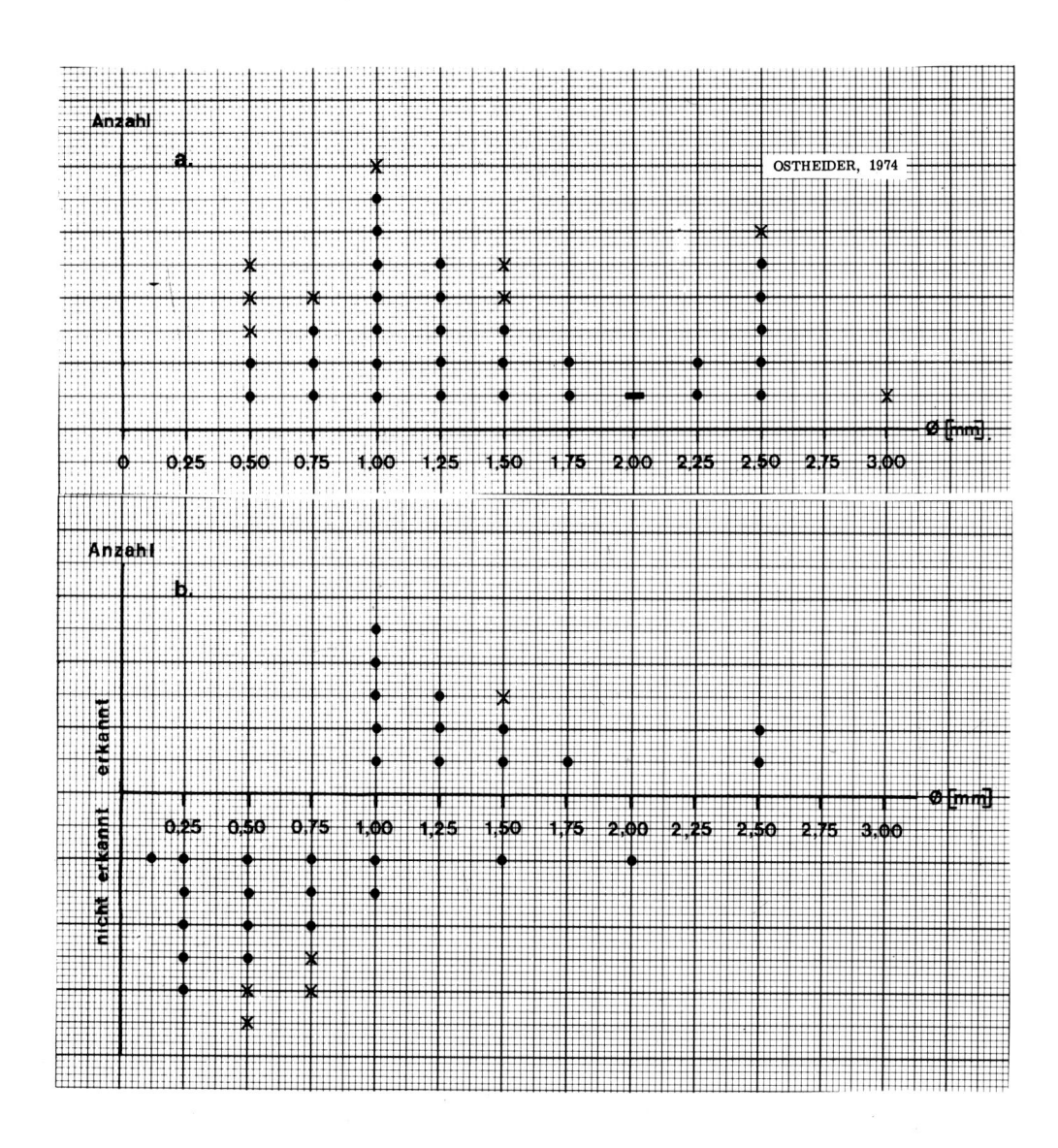

Abb. 44. Detailerkennbarkeit im VHRR-Bild.
      a. Detailgröße der gerade noch identifizierbaren
         Linearstrukturen (Wasser) im Eisgebiet.
      b. Erkennbarkeit 'schmaler' Linearstrukturen (Wasser)
         im Eisgebiet aus den ERTS-Bildern in den VHRR-
         Aufnahmen.
         • = 25.3.73   x = 19.5.73   — = 25.6.73.

Einblick in die Schwankungsbreite der Detailerkennbarkeitsschwelle.

In der VHRR-Aufnahme vom 25.6.73 (Abb. 41) wurden in dem Gebiet, das von den vorliegenden ERTS-Bildern gedeckt wird (Abb. 36), alle weißen Flecken herausgesucht, die gerade noch mit bloßem Auge erkennbar und als Schollen identifizierbar sind. Mit einer einzigen Ausnahme wurden sämtliche Objekte in den ERTS-Aufnahmen wiedergefunden und dort ihre Ausmaße durch

Ausmessung der kleinsten Durchmesser nach dem Schlüssel
1 mm ERTS ≙ 1 km Natur festgestellt (Abb. 42a). Dabei ergab
sich eine Häufigkeitsverteilung mit einem Maximum bei einem
Schollendurchmesser von 4,5 km.
Um abzusichern, daß bei der Auswahl der kleinen Details subjektive, psychologisch bedingte Faktoren keine große Rolle
gespielt haben, wurden dann in den ERTS-Bildern je 10 Schollen
mit bestimmten Durchmesserlängen zwischen 1 und 10 km ausgewählt und auf ihre Erkennbarkeit im entsprechenden VHRR-Bild
hin geprüft (Abb. 42b). Das Ergebnis zeigte eine gewisse Abhängigkeit vom MSS-Band, die aber in Wirklichkeit mehr auf
regionale Unterschiede im Eiszustand, besonders der Konzentration, zurückgeführt werden dürfte, wie auch durch eine weitere
Meßreihe vom 19.5. (Abb. 42c, 35, 40) bestätigt wird.
Insgesamt läßt sich der Schluß ziehen, daß die mittlere Detailerkennbarkeit bezüglich Eisschollen bei einem Wert zwischen 3 und 5 km liegt. Diese Feststellung betrifft zunächst
nur die beiden untersuchten Aufnahmen im sichtbaren Teil des
Spektrums. Es soll daher nicht die Möglichkeit ausgeschlossen
werden, daß es z.B. bei besonders günstigen atmosphärischen
Verhältnissen auch Bilder geben könnte, die bessere Resultate
bringen. Nur würde sich das allein bei Kenntnis der sogenannten "ground truth" nachweisen lassen, d.h. beim Vorliegen von
Geländebeobachtungen oder ersatzweise von höher auflösenden
Luft- und Satellitenbildern. Im vorliegenden Falle mußte auf
die vorhandenen ERTS-Aufnahmen als "ground truth" zurückgegriffen werden.
Auf dem VHRR-Infrarotbild vom 25.3. lassen sich einzelne
Schollen in der noch intakten Eisdecke nur schwer unterscheiden; es wurde daher nicht analysiert.

Eine analoge Meßreihe in Bezug auf die Identifizierung von
kleinsten offenen Wasserflächen innerhalb des Eisgebietes
(Abb. 43a,b) ergab eine günstigere mittlere Detailerkennbarkeit, die bei einem kürzeren Flächendurchmesser von 1,5 bis
2 km liegt. Dieses bessere Ergebnis basiert hauptsächlich auf
dem hohen Kontrast zwischen der dunklen Wassersignatur und
ihrem durchwegs hellen Hintergrund, wohingegen die meisten

Eisschollen in eine ähnlich aussehende Umgebung eingebettet waren.

Es wurden weiterhin alle in den VHRR-Bildern (Abb. 39, 40, 41) als Linearstrukturen ansprechbaren Phänomene innerhalb des Meereisgebietes ausgesondert, in den ERTS-Aufnahmen aufgesucht und dort ihre Schmalseiten gemessen (Abb. 44a). Die folgende von linearen Elementen in den ERTS-Bildern ausgehende Untersuchung (Abb. 44b) bestätigte das überraschend gute Ergebnis: Die Detailerkennbarkeitsschwelle bewegt sich bei Linearstrukturen zwischen 0,5 und 1 km.

Die ERTS-Ausschnitte befinden sich in allen drei VHRR-Bildern in geometrisch günstiger Lage (markierter Ausschnitt). Der maximale Abstand x von der Subsatellitenbahn beträgt 7 mm; nach Tab. 2 liegt daher die Boden-Auflösung ziemlich einheitlich bei 0,9 km, so daß von daher keine verfälschenden Einflüsse auf die Werte in Abb. 42, 43, 44 zu erwarten waren.

Zur Identifizierung von Eisschollen benötigt man also nach den Meßergebnissen durchschnittlich 4-5 Boden-Auflösungselemente in Richtung des kleinsten Schollendurchmessers — das entspricht dem Abb. 38 zugrunde gelegten Kriterium — , während aus den Messungen der Wasserflächen ein Verhältnis AV : Detailerkennbarkeit von etwa 1 : 2 resultiert. Die Erkennbarkeitsschwelle von linearen Strukturen bewegt sich in der Größenordnung und sogar unterhalb der Boden-Auflösung. Diese Tatsache geht konform mit den Beobachtungen anderer Autoren (vgl. 6.1.) anhand weiterer Satellitenbilder.

6.4. Objektidentifizierung und Meßgenauigkeit im Makrobereich des VHRR-Bildes

Als meßbare räumliche Beschreibungsmerkmale der Eisparameter sind aufzuführen:
- Lage (des Schwerpunkts, der Grenzlinie) im Netz,
- Orientierung von Strecken im Netz,
- Umrißform einer Fläche,
- Länge einer Strecke,
- Größe einer Fläche,
- Flächenbedeckung.

Es ist anzunehmen, daß die Objekterkennbarkeit von all diesen Informationsindikatoren abhängig ist, die wiederum durch die Bildgeometrie (vgl. Kap. 4) bestimmt werden.

Die Darstellung der Umrißform z.B. einer Scholle variiert erheblich mit deren Bildlage und Netzorientierung und wird besonders durch die Liniendichte pro mm Film beeinflußt, wie auch ein Vergleich der Aufnahmen im sichtbaren Bereich in Abb. 8 und 10 oder auch der Abbildungen 11 und 12 verdeutlicht.

Angaben zur Eiskonzentration betreffen die Flächenbedeckung und beruhen auf der bildlichen Grautonwiedergabe der Geländestrahlung (Kap. 7).

Die maximale Schollen-Detailgröße in den ERTS-Aufnahmen beträgt 40 mm; das entspricht einem Durchmesser von ca. 40 km. Man kann davon ausgehen, daß praktisch alle Schollengrößen zwischen diesem Maß und der VHRR-Erkennbarkeitsschwelle in der Natur vorkommen.
Um eventuell einen Zusammenhang zwischen der Breite bzw. der Flächengröße von Eisschollen und ihrer Erkennbarkeit im VHRR-Makrobereich herauszuarbeiten, wurden in den ERTS-Bildern vom 19.5. bzw. 25.6. jeweils etwa 100 Schollen mit einem kleinsten Durchmesser D von 5 bis 40 km ausgewählt und in den Wettersatellitenbildern aufgesucht, wobei eine subjektive Klassifizierung in die drei Sparten "sehr gut", "gut" und "schlecht erkennbar" vorgenommen wurde. Die qualitätsmäßig schlechtere IR-Aufnahme vom 25.3. eignete sich für diese Betrachtung weniger. Obwohl das Ergebnis subjektiv und sicherlich vom Präinformationsstand der Verfasserin beeinflußt ist, sollen einige Schlüsse daraus gezogen werden:
- In beiden Fällen waren Schollen mit $D \geq 13$ km vorwiegend sehr gut, teilweise gut und nur ganz selten schlecht feststellbar, während im Intervall $5 \text{ km} \leq D < 13 \text{ km}$ alle drei Erkennbarkeitsstufen etwa gleichmäßig verteilt waren, so daß hier keine Aussage über die Abhängigkeit von der Flächengröße gemacht werden kann.
Vielleicht ließe sich hierdurch eine Einteilung des VHRR-

Makrobereiches in Feindetails (D < 13 km) und Grobdetails (D ≥ 13 km) gerechtfertigen.
- Es ergab sich eindeutig eine umgekehrte Proportionalität zwischen der Erkennbarkeit einer Scholle in einem fest umrissenen Gebiet und der dort anzutreffenden Eiskonzentration, wodurch wiederum der Einfluß des Umgebungsfaktors auf die Identifizierbarkeit bestätigt wird.

Die Einpassung sämtlicher VHRR-Aufnahmen in das Koordinatennetz (Abb. 23) gemäß der Anwendungsvorschrift (vgl. 4.2.3.) und ein Vergleich mit dem Netz der World Aeronautical Chart 1 : 1 Mio bewiesen über Land eine hervorragend gute Positionierungsgenauigkeit mit einem durchschnittlichen Fehler unterhalb von 10 km. Zur Demonstration wurde in Abb. 40 die Ostgrönlandsee mit dem passenden Netzausschnitt als Overlay versehen. Das VHRR-Netz stimmt mit dem Kartennetz sogar besser überein als das der ERTS-Bilder; hierzu Abb. 35 samt Overlay. Stellt man über dem eisbedeckten Meer ERTS- und VHRR-Netz einander vergleichend gegenüber, so beläuft sich die Lagedifferenz der Breiten- und Längenkreise auf weniger als 5 km (Anm.: Durch den Klebevorgang haben sich die Bildmontagen ein wenig auseinandergezogen. Das Netzoverlay wurde für korrekt aneinander anschließende Photos konstruiert). Dabei dienten Eisschollen als Bezugssystem, da sie vom ERTS-Aufnahmezeitpunkt (z.B. am 19.5.: 13:47 GMT) bis zum VHRR-Empfang (19.5.: 14:02-14:12 GMT) als relativ stillstehend angesehen werden können.

7. SPEKTRALFAKTOR

Zusammenfassung

Anhand einiger Beispiele aus der Literatur wird zunächst auf die Problematik bei der Interpretation von Meereis aus Satellitenbildern im Hinblick auf Grautonmerkmale verwiesen.
Die Grautonwiedergabe von Objekten in der Aufnahme im sichtbaren Bereich kann durch die Albedo oder die spektrale Reflexionskurve beschrieben werden. Einer tabellarischen Zusammenstellung von Albedowerten für die ausgesonderten Bildobjekte folgen Hinweise auf die Abhängigkeit der Meereis-Albedo von Jahreszeit, Schnee, Eiskonzentration, Schmelzwasser, Eisdicke und Angaben zur Schneehöhe auf dem Eis. Daran schließt eine Beschreibung der Grautondarstellung der Bildobjekte in der VHRR-Bildserie im Jahresablauf an. — Mit ERTS Multispektralaufnahmen wird die Variation der Grautöne mit den Wellenlängenbereichen demonstriert. Besonders fällt die starke Absorption von Wasser im nahen reflektiven IR auf. — Die Grautonbeeinflussung durch veränderliche Beleuchtungsverhältnisse - Sonnenstand, Wolken- und Reliefschatten - wird angesprochen.
Nach einer Erörterung des IR-Strahlungsverhaltens von Meereis, Schnee und Wasser wird der Einfluß von äußeren Bedingungen auf die Interpretation der IR-Aufnahmen diskutiert. Die Bilder eignen sich besser zur Eisüberwachung in den kälteren Jahreszeiten als im Sommer.

7.1. Objektidentifizierung im Bild basierend auf Grautonmerkmalen

Auch bei einer ausschließlich qualitativen (vgl. 4.3.) Bildgrautonauswertung sind Kenntnisse über das spektrale Verhalten der dargestellten Geländeobjekte unerläßlich. Eine gute Übersicht hierüber bietet die Studie von FITZGERALD (1974), in der wiederholt darauf hingewiesen wird, daß die überwiegend durch Laborversuche gewonnenen Strahlungswerte der Materialien nur mit äußerster Vorsicht zur Interpretation von Remote Sensing Daten herangezogen werden dürfen. Beispielhaft verweist er auf die Modifizierung der Rückstrahlung einer Meeresoberfläche durch die atmosphärische Schicht zwischen Ozean und Satellit und betont:

> "No model of the atmosphere has yet been described which fully explains atmospheric absorption and scattering at all wavelengths in the visible and infrared spectrum. Such a model would be enormously complex because of the large number of variables involved."

Weiterhin verändern sich die fernerkundeten Strahlungswerte ähnlicher Substanzen mit deren Position auf dem Erdball und noch erheblicher mit dem Aufnahmezeitpunkt: Das Strahlungsverhalten unterliegt sowohl einem täglichen wie auch einem jährlichen Rhythmus. FITZGERALD hebt hervor, daß zahlreiche Forscher angesichts dieser Problematik es vorziehen, ihre Untersuchungen durch aktuelle, in Geländebegehungen selbst zusammengestellte Informationen zu unterstützen und auf die Verwendung von Labormessungen zu verzichten. Die Erdwissenschaftler dürften demnach auch in diesem Bereich der Fernerkundung in Zukunft eine immer größere Rolle spielen.

In diesem Zusammenhang soll auf eine aufschlußreiche Fehlinterpretation hingewiesen werden. KATERGIANNAKIS (1971) unternahm den Versuch, die maximale Eisausdehnung im Ostseeraum anhand von Satellitenaufnahmen festzustellen, wobei sie sich vornehmlich auf die Grautonmerkmale der Bilder berief. KOSLOWSKI (1971) konnte jedoch anhand der umfangreichen Daten des Deutschen Hydrographischen Instituts erhebliche Diskrepanzen zwischen ihren Ergebnissen und den konventionellen Bodenbeobachtungen nachweisen.
Einen methodisch anderen Weg schlugen BROSIN, NEUMEISTER (1972) und STRÜBING (1970, 1971) bei der Bearbeitung der Eisverhältnisse des Winters 1968/69 im Ostseeraum mit Satellitenbildern aus der ESSA-Serie ein. Ausgehend von ihren detaillierten Kenntnissen des Eiszustandes aufgrund der vorliegenden Eisberichte und -karten der Ostseeanrainerstaaten führten sie die Bildauswertung durch.
Neben einigen guten Übereinstimmungen stellten BROSIN, NEUMEISTER auch auffallende Widersprüche zwischen Interpretation und Bodenmessungen fest. So sind Neueis und Wasser in den Bildern offensichtlich nicht zu unterscheiden; selbst dichtes Treibeis, in dem die Schiffahrt Eisbrecherhilfe benötigte, wurde als offenes Wasser interpretiert.
STRÜBING weist in seiner ausführlichen Analyse auf die Schwierigkeiten bei der Grautonauswertung hin, kann aber dank des übrigen ihm zur Verfügung stehenden Datenmaterials wichtige Resultate vorlegen. Vier Grautonintervallen ordnet er je

ein Entwicklungsstadium des ungestört gewachsenen Eises entsprechend einer Eisdicke von ≤ 5 cm, 5-15 cm, 15-30 cm und ≥ 30 cm zu. Bei der Interpretation von Treibeis zieht er als zweites bestimmendes Element die Textur hinzu und stellt fest, daß Grauton und Textur i.w. von der Konzentration und Dicke der Eisschollen bestimmt werden. In einer tabellarischen Übersicht stellt er die typischen Eisverhältnisse im Baltischen Meer ihrem nach Grauton und Textur gegliederten Erscheinungsbild in der Satellitenaufnahme gegenüber.

Diese Arbeiten befassen sich gemäß der BÜDELschen Typeneinteilung (1950) mit dem Eis der Nebenmeere gemäßigter Breiten, das sich in seinem Vereisungscharakter wesentlich vom Eis der Ostgrönlandsee unterscheidet. Die Ergebnisse sind daher nur teilweise übertragbar und eine ähnlich gründliche Studie steht wegen unzureichender Bodenmessungen im grönländischen Raum noch aus.

Auf die Möglichkeit der Grautonveränderung durch geometrisch nicht aufgelöste Phänomene wurde bereits in 4.3.3. verwiesen. Zum vorliegenden Thema kommen dafür kleine Eisschollen, Wolken und Öffnungen im Eis in Betracht. Insbesondere bei den IR-Bildern sind dadurch bedingte Fehldeutungen von bewölkten oder vereisten Meeresgebieten nur durch absichernde Referenzdaten zu vermeiden.

7.2. Aufnahme im sichtbaren Bereich des Spektrums

Zur Kennzeichnung der bildwirksamen Strahlungsenergie (vgl. Abb. 26) müßte im Grunde untersucht werden, wie sich die Geländerückstrahlung im Raum und übers Spektrum verteilt. In der Praxis haben sich zur Beschreibung der reflektierten Lichtenergie die folgenden zwei Angaben bewährt:
- Die Albedo, das Verhältnis von reflektiertem zu einfallendem Lichtstrom, als Maß für die Gesamtreflexion.
- Die (relative) spektrale Reflexionskurve, durch welche für jede Wellenlänge des Spektrums die vom Geländeobjekt zurückgeworfene Strahlungsmenge als Prozentanteil der einfallenden Sonnenstrahlung dargestellt wird.

7.2.1. Albedo und Grautöne der Bildobjekte im Jahresablauf

Die Zusammenstellung einiger in der Literatur erwähnter Albedowerte (Tab. 9) verdeutlicht:
- Eis, Schnee und Wolken absorbieren nur einen geringen Teil des sichtbaren Lichts; ihre Gesamtrückstrahlungen bewegen sich in derselben Größenordnung, wodurch eine Unterscheidung im Bild schwierig sein dürfte. Schneefreies Eis sollte danach durch einen leicht dunkleren Grauton, schneebedecktes Eis und Wolken durch ein Weiß wiedergegeben werden.
- Im Gegensatz dazu findet man geringe Albedowerte für Land und Meer, die deshalb im Bild durch dunklere Grautöne repräsentiert werden. Mit abnehmendem Sonnenstand erhöht sich die Rückstrahlung der Meeresoberfläche.

Die angegebenen Werte können nicht unbedingt als repräsentativ angesehen werden. UNTERSTEINER (1969) machte darauf aufmerksam, daß die zahlreichen Messungen meistens zu nahe am Boden vorgenommen wurden und daher nicht als Mittelwerte über einen größeren Bereich anzusehen sind. Über die jährlichen Variationen der durchschnittlichen Rückstrahlung sei im übrigen gar nichts bekannt.
Angaben für die Polarnacht sucht man naturgemäß vergebens.

Die Rückstrahlung des arktischen Meereises variiert in Abhängigkeit von verschiedenen Faktoren.
WENDLER (1973) studierte das Eis vor der Küste von Alaska und stellte eine kontinuierliche Abnahme der Albedo von Mai bis September fest, lediglich kurzfristig infolge von Schneefällen unterbrochen. Mit geringer werdender Eiskonzentration sank die Gesamtstrahlung ebenfalls wegen des höheren Anteils von offenen Wasserflächen.
LANGLEBEN (1969) berechnete aus seinen Messungen nahe Ellesmere Island ein lineares Absinken der Albedo mit flächenmäßigem Anwachsen von Schmelzwässern. Auch er beobachtete einen extremen Anstieg der Rückstrahlung auf 93 % durch frisch gefallenen Schnee.
Auf die saisonalen Schwankungen der Albedo mit Minimalwerten in der Schmelzperiode wies HANSON (1961) hin. Er hat versucht, die Verbindung zwischen Eiskonzentration, Flächenanteil vom

	Beschreibung	Albedo (%)	Quelle
MEEREIS	Treibeis:		
	schneebedeckt	90	Mellor, 1964
	" (Frühjahr)	93	Langleben, 1969
	"	80-90	Hanson, 1961
	schneefrei	50	Mellor
	" u. schmelzwasserfrei	49	Langleben
	auftauend, ohne Wasserpfützen	65	Hanson
	" , mit "	50	Pounder, 1965
	für versch. Konz.: 0, 0,1-0,4; 0,5-0,7, 0,8-0,9	4, 15, 22, 40	Hanson
	(Juli, August, bewölkt)		
	Schmelzwasserpfütze	19	Langleben
	Eisinsel T-3 :		
	schneebedeckt {17.9.; 8.10.)	81, 78	Hanson
	auftauend {17.7.; 1.8.)	78, 76	"
	Wasserpfütze " , 1-2 ft. tief	39, 38	"
SCHNEE	Neuschnee	81-89	Haupt, 1970
	"	85	Wilson, 1961
	"	90	Pounder
	" , trocken (Arkt. Ozean)	>80	Wendler, 1973
	alter Schnee	42-70	Haupt
	"	70	Wilson
	" , unverschmutzt; sehr variabel	≥65	Pounder
	trockener Schnee (Grönland-Mitte)	85	Wendler
	nasser Schnee	45	Pounder
WOLKEN	Sonnenhöhe 40 - 50°	60-90	Haupt
	- (Arktis)	45-80	Wilson
	Stratus (in 0,6 km Höhe)	54	Haupt
	Altostratus (in 1,6 km Höhe)	76	"
	Cumulus (zwischen 1,6-3 km)	67	"
OZEAN	Sonnenhöhe >25°	8-10	Bartels, 1960
	offenes Wasser (Arkt. Ozean)	<10	Wendler
	-	5	Wilson
	Sonnenhöhe 5°	45	"
LAND	Heide, Sand	10-25	Bartels
	Gras	15-35	Wilson
	unbewachsener Boden	10-20	"
	Tundra, z.T. schneebedeckt	62	Horvath, Brown, 1971
ARKT. OZEAN	sehr variabel	45-95	Campbell, o.J.
ERDE		38	Bartels
		40	Wilson

Tab. 9. Albedo (Literaturangaben).

OSTHEIDER, 1974

Schmelzwasser und Albedo graphisch zu erfassen (Abb. 45).

Den Zusammenhang zwischen Eisdicke und mittlerer Albedo arbeiteten HORVATH, BROWN (1971) für das Gebiet der Beaufort Sea heraus (Abb. 46). Erwartungsgemäß steigt die Rückstrahlung mit der vertikalen Mächtigkeit des Eises. Den auffallenden Kurvensprung zwischen Eistyp 2 und 3 führen die Autoren auf die zunehmende Schneeakkumulation an der Oberfläche des älteren Eises zurück. Die im Oktober beim Vorhandensein einer Schneedecke von etwa 8-10 cm gemessene Albedo übertrifft generell diejenige vom September, als unter 5 cm dicker Schnee lag.

Eine sowjetische Studie (NAZINTSEV, 1972) gibt einen Einblick in Verteilung und Höhe des Schnees auf dem Meereis in der Kara See. Die Schneedecke wächst mit dem Alter, also der Dicke des Eises, und ist auf Festeis mächtiger (Maximum Mitte Mai) als auf Treibeis. Große Schwankungen der jährlichen Niederschlagsmenge wurden beobachtet und folgende Zahlenwerte festgestellt:

Jahr	1963	1964	1965	1966	1967	1968	1969
Treibeis[+]	8	-	12	5	-	13	7
Festeis	27	32	34	13	36	34	18

Tab. 10. Schneehöhe auf Festeis und Treibeis (in cm).
[+]mittlere Dicke ca. 120 cm. (nach NAZINTSEV, 1972)

Eine kritische Durchsicht der VHRR-Bildserie (sichtbarer Bereich) ergab eine gute Übereinstimmung zwischen dem Erscheinungsbild der Geländeobjekte, wie es nach den Literaturangaben zu erwarten wäre, und der tatsächlichen Grautondarstellung in den Aufnahmen.

Um qualitative Aussagen über die Variationen des Strahlungsbildes im Jahresablauf formulieren zu können, erwies sich die subjektive Klassifikation der Densitäten in die fünf Stufen Weiß, Hellgrau, Mittelgrau, Dunkelgrau, Fast-schwarz bis Schwarz in Analogie zu STRÜBING (1970) als möglich und

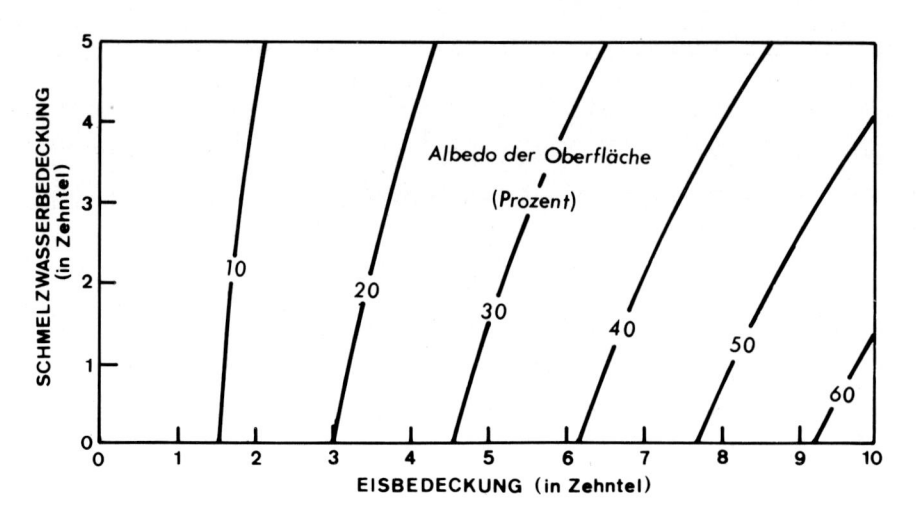

Abb. 45. Albedo der Oberfläche eines Meereisgebiets in
Abhängigkeit von Eis- und Schmelzwasserbedeckung.
(nach: HANSON, 1961)

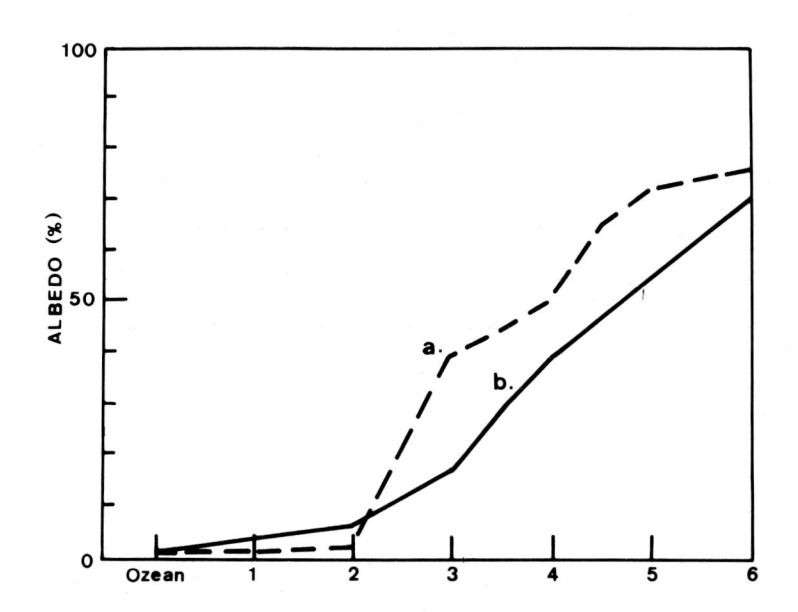

Abb. 46. Geschätzte Albedo des Ozean-Oberflächenwassers
und verschiedener Eistypen
a. 16.10.1967, b. 30.9.1967.

1: Pfannkucheneis   (<5 cm dick)
2: Eishaut   (<5 cm)
3: Junges Eis   (5 - 15 cm)
4: Mitteldickes Wintereis (15 - 30 cm)
5: Dickes Wintereis   (>30 cm)
6: Polareis   (≥2 m)

(umgezeichnet nach: HORVATH, BROWN, 1971)

zweckmäßig. Dabei mußte auf die relativen Grautonunterschiede pro Bild zurückgegriffen werden, da absolute Einstufungen wegen Densitätsveränderungen durch variierende Beleuchtungsverhältnisse und empfangstechnische bzw. photographische Einflüsse nicht zum Erfolg führten.

Die für jeden Tag beobachteten Grautöne der Bildobjekte Wasser, Wolken, küstennahes unvergletschertes Land, Festeis und Treibeis wurden in ein Diagramm eingetragen und durch die Markierungspunkte geglättete Kurven gezeichnet (Abb. 47).

Die allgemeine Bildkontraststeigerung um den 22.5. ist vermutlich durch Empfangsverbesserung verursacht.

Die Meeresoberfläche behält von März bis Oktober ihre fast schwarze Tönung bei. Alle anderen Bildobjekte nehmen im Laufe der Zeit bis etwa Mitte September kontinuierlich an Helligkeit ab.

Ende März tragen Land, Wolken und Meereis etwa die gleiche helle Farbe; eine Unterscheidung ist dennoch aufgrund eindeutiger Erkennungsmerkmale durchführbar.

Küstennahes Land: Reliefschatten.
Treibeis: Textur, Struktur.
Wolken: typische Form.

Ab 5. April verringert sich die Flächenausdehnung der Schneedecke auf dem Land deutlich; die schneefreien Gebiete erscheinen als kleine dunkle Flecken, wodurch der Grauton insgesamt dunkler wirkt. Das Verhältnis von schneebedeckter zu schneefreier Fläche bestimmt in den folgenden Monaten die bildliche Wiedergabe der Küstenbereiche. Anfang Mai ist das bis dahin hellere Land merklich dunkler als das Treibeisgebiet im ganzen.

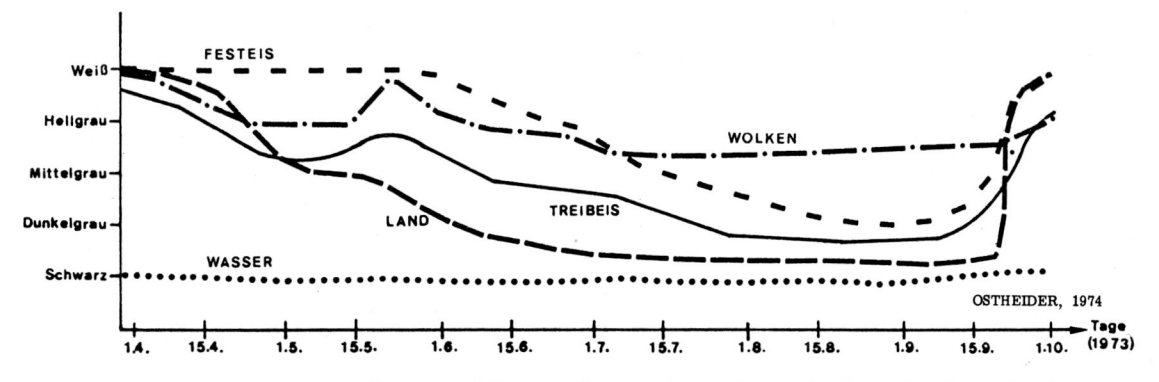

Abb. 47. Subjektiver allgemeiner Grautoneindruck der Aufnahmen im sichtbaren Bereich im Jahresablauf, nach Bildobjekten geordnet.

Vom 7.6. an kann man das nun fast völlig schneefreie Küstenland nur schwer von der Meeresoberfläche unterscheiden. Treibeis und Festeis verlieren im Frühling und Sommer mit dem Aufbrechen des Eises durch Abschmelzvorgänge und geringer werdende Konzentration an Helligkeit. Dabei lassen sich im Treibeisgebiet das Weiß großer Eisschollen, das körnige Mittelgrau kleinererSchollen und ein Dunkelgrau bis Schwarz voneinander differenzieren. Zum Eisrand hin erscheint das Gebiet generell dunkler. Ab Ende August beginnt eine stetige Aufhellung des Meereises.

Die Zuordnung der Wolken war schwierig, da sie eine breitere Grautonspanne umfassen. Die zugehörige Kurve in Abb. 47 kann deshalb nur als grobe Annäherung betrachtet werden.

Ein Vergleich der Aufnahmen vom 19. und 22.9. (20./21.9. fehlen) zeigt, daß in der Zwischenzeit im gesamten ostgrönländischen Raum heftige Schneefälle niedergegangen sein müssen, weil das bis dahin fast schwarze Küstenland nun in strahlendem Weiß dargestellt wird. Nach HAUPT (1970) reflektiert eine Schneedecke erst dann genug, um in den Aufnahmen in Erscheinung zu treten, wenn sie im Mittel mächtiger als 3 cm ist. Auch das Meereis reflektiert stärker, so daß praktisch die Ausgangssituation vom März wieder erreicht ist. Das letzte zur Verfügung stehende Bild im sichtbaren Bereich vom 5. Oktober (Abb. 48a Anh.) zeichnet den Küstenverlauf sehr schön nach.

7.2.2. Rückstrahlung in verschiedenen Wellenlängenbereichen

Da das Strahlungsbild des Geländes vom Empfindlichkeitsbereich des Sensors abhängt, sind Extrapolationen von den Strahlungswerten auf die Albedo nur bei besonders günstigen Voraussetzungen möglich. WENDLER (1973) führte derartige Versuche mit einigem Erfolg durch. Die Grenzen dieser Methode werden eindringlich durch Multispektralaufnahmen demonstriert.

In Abb. 49 (Anh.) ist dieselbe Geländeszene durch vier simultane MSS-Aufnahmen des ERT-Satelliten (vgl. 5.5.) dargestellt. Abgebildet ist ein Teil der Barrow Strait am 28.7.1972 (vgl. BODECHTEL, GIERLOFF-EMDEN, 1974, S. 80). Zwischen Griffith Island und der Küste von Cornwallis Island liegt noch eine dichte Eisdecke; ein kürzerer Küstenabschnitt von Griffith Island ist bereits eisfrei. Am deutlichsten fällt die Zunahme der Schwarztöne zum längerwelligen Spektralbereich hin ins Auge. Das in Kanal 4 noch ziemlich einheitlich weiß aussehende Eis erscheint in Kanal 7 von dunklen Flecken übersät, die also nicht als offene Wasserstellen interpretiert werden können.

Beim Studium der auftauenden Eisdecke des Lake Winnepeg entdeckten STRONG, McCLAIN, McGINNIS (1971) eine fast vollständige Lichtabsorption durch das Eis, die ihre Erklärung im Vorhandensein eines kaum sichtbaren Wasserfilms auf der Eisoberfläche fand. Sie führen an, daß der beobachtete Effekt bereits bei einer 1 mm dicken Wasserschicht feststellbar sei.

Vor diesem Hintergrund können die dunklen Flächen in Abb. 49d als Wasser auf dem Eis interpretiert werden, ohne aus dieser hydrologischen Gegebenheit irgendwelche Schlüsse auf Art und Dicke des darunterliegenden Eises zu ziehen.

Ein weiterer Vergleich zwischen ERTS-Kanälen kann anhand von Abb. 50 angestellt werden; hierzu auch Abb. 34-36 (Anh.). Die drei Bänder MSS 4, 5 und 6 zeigen in der Darstellung von Meereis keine grundsätzlichen Unterschiede, wenn auch die Grautöne zum IR-Kanal hin dunkler werden.

Abweichend davon weist Kanal 7 einige Besonderheiten auf:
- In der Aufnahme kommt ein tiefes Schwarz vor, das in den übrigen Bändern nicht auftaucht.
  Die störende Randüberstrahlung dieser dunklen Flächen ist bereits in den beim EROS Data Center gekauften Negativen vorhanden.
- In den Mai-Aufnahmen wird der Schollenverband z.T. als Eisgries aufgebrochener wiedergegeben als in Kanal 4 und 5. Größere Eisschollen dagegen ähneln sich; vermutlich sind sie noch schneebedeckt.
- Im Juni tritt der Absorptionseffekt im nahen IR voll in Erscheinung. Die inzwischen aufgetauten Schollenoberflächen erwecken den Eindruck einer totalen wabenartigen Zersetzung. Die Umrißformen sind nur schwer erkennbar.
  Lage und Verteilung der Schmelzwasserflächen erlauben möglicherweise indirekte Schlüsse auf die Topographie und den Windeinfluß.

Es könnte der Einwand erhoben werden, daß die drei MSS-Kanäle 4, 5 und 6 nur deshalb keine signifikanten Unterschiede aufweisen, weil lediglich die schlechteren ERTS-Photos anstelle der weit genaueren Computerbänder verwendet wurden. Daß dem nicht so ist, zeigt ein Ergebnis (Abb. 51) aus der Studie von HORVATH, BROWN (1971), in der die Daten einer Multispektralscannerbefliegung des Meereises vor Nord-Alaska, organisiert von der University of Michigan, verarbeitet sind.
Der annähernd parallele Verlauf der Rückstrahlungskurven von Eis verschiedener Dicke (5 cm bis 3 m) deutet an, daß die Eisarten nicht durch spektrale Signaturen im klassischen Sinne unterschieden werden können. Die Strahlungswerte nehmen nur ganz allmählich und damit in Photos kaum feststellbar proportional zur Dicke des Eises zu, und zwar gilt dies für alle Wellenlängen im sichtbaren Bereich. Im Bild wirkt sich das

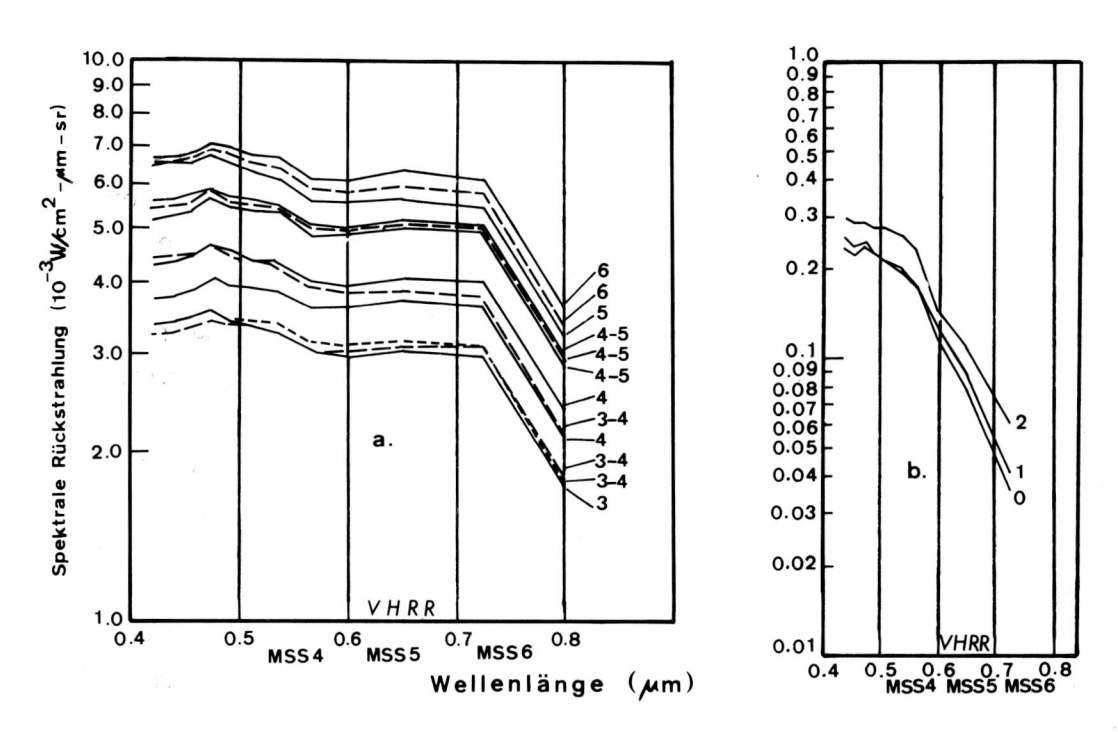

Abb. 51. Spektrale Rückstrahlung (16.10.1967) von
a. verschiedenen Eistypen, b. dünnem Eis und Wasser.
Kodierung der Eistypen wie in Abb. 46.
0: offenes Wasser.
(umgezeichnet nach: HORVATH, BROWN, 1971)

so aus, daß offenes Wasser fast schwarz, dünnes Eis dunkelgrau, u.s.w., schließlich mehrjähriges Polareis und schneebedecktes Eis weiß wiedergeben werden, gleich in welchem Band des sichtbaren Bereichs aufgenommen wird, so daß hier jeder Kanal gleich gut zur Meereiserfassung geeignet ist. Man muß allerdings Vorsicht walten lassen, wenn man die absoluten Strahlungswerte derselben Eistypen an verschiedenen Lokationen vergleichen will.

Lediglich die Kurven für offenes Wasser und Neueis bis 5 cm Dicke fallen aus diesem Schema durch ihren starken Kurvenabfall mit zunehmendem λ heraus. Dies ist der Grund für die dunkle Erscheinung und damit gute Erkennbarkeit der Wasserpfützen auf dem Eis im Kanal 7. Daher empfiehlt McCLAIN (1973a) für Eisuntersuchungen die Benutzung von Kanal 4 und/oder 5 und Kanal 7.

7.2.3. Grautonbeeinflussung durch Beleuchtungseffekte

Die Geländerückstrahlung in polarnahen Gebieten wird entscheidend durch die Beleuchtungsverhältnisse beeinflußt. Zusätzlich zur meridionalen Tag-Nacht-Grenze bewirkt die Schrägstellung der Erdachse gegen die Ekliptik eine longitudinale derartige Grenze.

Die graphische Darstellung der räumlichen und zeitlichen Verteilung der Beleuchtung in den Polargebieten unter Berücksichtigung der Dämmerung und Refraktion (MEINARDUS, 1951) zeigt deutlich den allmählichen Übergang von Polarnacht zu Polartag und umgekehrt im Ablauf des Jahres; Abb. 48a gibt den Einbruch des Polarwinters eindringlich wieder. Nach WILHELM (1971) geht die Sonne unter Berücksichtigung der Refraktion am Nordpol an 189 Tagen nicht unter, an 176 Tagen nicht auf, und selbst in $70°$ Breite dauern Polartag und -nacht noch 70 bzw. 55 Tage.

Die Abhängigkeit der Albedo vom Sonnenstand wurde bereits in 7.2.1. angedeutet. Ein eindrucksvolles Zahlenbeispiel - allerdings für Seewasser - ist in WILHELM (1966) gegeben: Beim Sonnenstand von $90°$ beträgt die Albedo des Wassers 2 %, bei $30°$ 6 %, bei $20°$ 13 % und bei $10°$ 35 %.

Neben den globalen Beleuchtungseffekten treten die lokalen v.a. als Wolken- und Reliefschatten in Erscheinung. Vorteilhaft ergibt sich daraus die Möglichkeit zur Berechnung der Wolken- und Gebirgshöhen bei Kenntnis von Sonnenhöhe und Azimut. Derartige Auswertungen liegen u.a. von BARNES, BOWLEY (1974) und POPHAM, SAMUELSON (1965) vor. Bei wiederholter Aufnahme zu verschiedenen Zeitpunkten lassen sich die Meßwerte bezüglich des Reliefs kontrollieren. Abb. 52 (Anh.) gibt die unterschiedliche Schattenlänge desselben Geländes zu verschiedenen Daten wieder und verdeutlicht den Einfluß von Bewölkung (19.5.) auf die Bildinterpretation. Auf den Schattenwurf als Erkennbarkeitsmerkmal von Wolken im VHRR-Bild wiesen KAMINSKI, MARTIN (1974) hin.

Der Nachteil besteht in der Verdeckung der beschatteten Gebiete. Außerdem ist die Verwechslungsmöglichkeit von Schatten mit offenem Wasser nicht zu übersehen.

7.3. Infrarot-Aufnahme

Da nur wenige IR-Aufnahmen zur Verfügung standen, soll dieser Paragraph lediglich einen kurzen Überblick vermitteln.

Die Überwachung des Meereises darf sich nicht allein auf die helle Sommerperiode beschränken, da für Untersuchungen zum Wärmehaushalt die winterliche Verteilung offener Wasserflächen im arktischen Ozean bekannt sein muß (BARNES, u.a., 1973). IR-Aufnahmen erlauben die Erfassung des Eises in der Polarnacht (vgl. Abb. 48).

7.3.1. Strahlungsverhalten von Meereis, Schnee und Ozean

Im Gegensatz zum optischen Bereich absorbiert das Meereis im Infraroten ausgezeichnet und ist deshalb auch durch eine besonders starke Emission gekennzeichnet. Eis bleibt daher selbst bei hohen Lufttemperaturen relativ kalt, da am Tage die Sonnenstrahlung reflektiert und nachts langwellige Energie emittiert wird und Abkühlung verursacht (RIEHL, BULLEMER, ENGELHARDT, 1969).

Wegen der hohen IR-Absorption verhalten sich Eis und vor allem

Schnee in diesem Spektralbereich angenähert wie ein Schwarzkörper (GLEN, 1974).

Aufgrund der niedrigen Temperaturen (vgl. 4.3.2.) werden Eis und Schnee im VHRR-IR-Bild in hellen Grautönen dargestellt. Ähnliches gilt für Wolken.

Bei der Interpretation der bildlichen Wiedergabe von Meeresoberflächen im Spektralbereich um 10μ ist zu beachten, daß durch die radiometrische Aufnahme allein die Strahlungstemperatur der obersten dünnen Wasserschicht bis zu einer Dicke von 0,02 mm erfaßt wird (FITZGERALD, 1974). Die Temperatur des tieferen Wassers trägt praktisch nichts zu den gemessenen Werten bei:

> "The mechanism of heat transfer in the top millimeter of the ocean is not fully understood, partly because of the experimental difficulties in obtaining temperature measurements in this region, and partly because of the theoretical problems in predicting properties of the water near a wind-disturbed wavy surface. However the temperature profile in this region is critically important. It introduces a significant difference between the bulk water temperature and the airborne or satellite infrared radiometric readings of the surface temperature."
> (FITZGERALD, 1974)

Die radiometrischen Daten sind daher nur bedingt mit den Wassertemperaturen, die mit einem Schöpfthermometer o.ä. gewonnen werden, zu vergleichen.

LORENZ (1971a) erwähnte die Beeinflussung des Strahlungsbildes durch den Wind. Er forderte die Durchführung von Modellrechnungen in Bezug auf den IR-Strahlungsverlauf (Tages-, Jahresgang etc.), um zu "verhindern, daß Arbeiten zur Fernerkundung von vornherein falsch angelegt werden und deshalb keine oder nur unbefriedigende Ergebnisse liefern".

7.3.2. Einfluß von Umgebungsbedingungen auf die Bildinterpretation

Bei der Interpretation von IR-Aufnahmen sind die folgenden Umgebungsbedingungen zu beachten:
- Tageszeit
- Jahreszeit
- Temperatur der Geländeobjekte und deren Umgebung

- Lokale Lufttemperatur
- Strahlungsverhalten der Objekte
- Witterungsverhältnisse.

Der Temperaturkontrast innerhalb einer betrachteten Szene variiert mit den genannten Faktoren.

Die Objekte sind überhaupt nur erkennbar aufgrund des Temperaturunterschiedes zu ihrem Hintergrund, wobei auch die thermische Auflösung des Sensors eine große Rolle spielt. Zu einer Beurteilung des IR-Bildes müssen die zwei Temperaturkurven des Objekts und dessen Umgebung im Tagesablauf berücksichtigt werden. Ein bekanntes Phänomen ist das Überkreuzen dieser zwei Kurven, in der amerikanischen Literatur als "radiometric crossover" bezeichnet, z.B. morgens und abends zwischen Land und Wasser. Zum Zeitpunkt einer solchen Erscheinung sind die betroffenen Objekte im IR-Bild nicht mehr voneinander zu unterscheiden. Zum Jahresgang des IR-Aussehens der Osterseen erläuterte BODECHTEL (1971) einprägsame Bildbeispiele.

Bei inhomogenem Strahlungsverhalten eines ausgedehnteren Geländeobjekts kann die Umrißform als Informationsindikator verlorengehen.

WEEKS, LEE (1958) konnten am 25. Februar bei einer Untersuchung vor der Küste von Labrador typische tägliche Temperaturschwankungen an der Eisoberfläche von $19^\circ C$ nachweisen bei einem Minimum von $-24,5^\circ C$ um 4:00 lokaler Ortszeit und einem Maximum von ca. $-5,5^\circ C$ um 13:00 Uhr. Die zugehörigen Lufttemperaturen in einer Höhe von 20 cm über der Eisoberfläche betrugen $-27^\circ C$ bzw. ca. $-14^\circ C$.

POULIN (1974) betonte, daß vor allem in der Polarnacht nahe der Meeresoberfläche häufig eine hohe Inversion der Lufttemperatur mit einer Differenz von mehreren $^\circ C$ auf 1 m Höhe anzutreffen ist. Daher reichen die mehrjährigen höheren Eisschollen in wärmere Luftschichten als das niedrige jüngere Eis. Das alte Eis erscheint im IR-Bild wider Erwarten dunkler als das jüngere, was oft zu Fehlinterpretationen geführt hat.

In Abb. 53 sind für den Bereich 8,2 bis 13,5 μ die Tagesstrahlungstemperaturen (genaue Zeit unbekannt) bei klarem und bedecktem Himmel für verschiedene Eistypen und für Meerwasser aufgezeichnet. Die Abnahme der Strahlungstemperatur

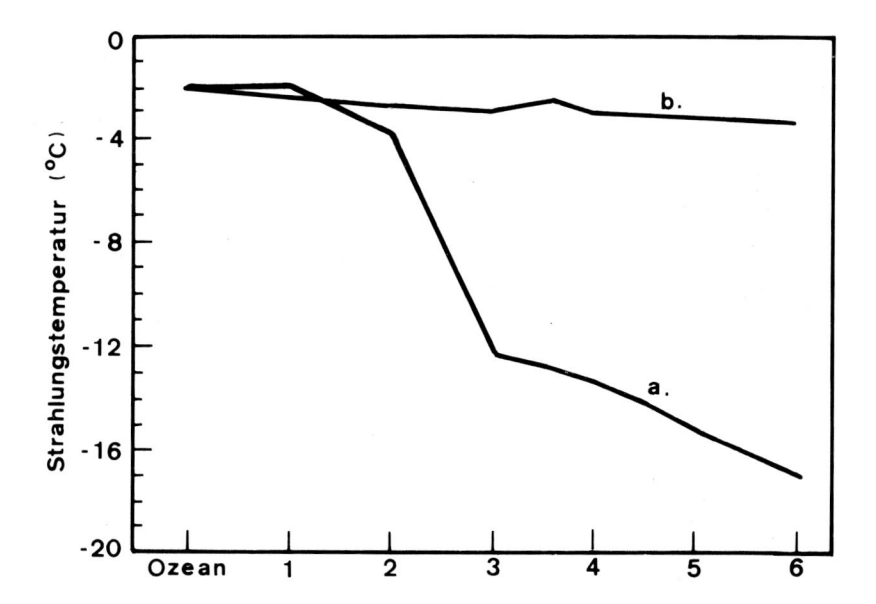

Abb. 53. Mittlere Strahlungstemperaturen des Ozean-Oberflächenwassers und verschiedener Eistypen
a. bei klarem (16.10.1967), b. bei bedecktem (30.9.1967) Himmel.
Spektralbereich: 8,2 - 13,5 μ.
Kodierung der Eistypen wie in Abb. 46.
(umgezeichnet nach: HORVATH, BROWN, 1971)

mit zunehmender Eisdicke wird verursacht durch die größere Isolationswirkung des dickeren Eises. Bei dichter Wolkendecke gleichen sich die Temperaturen durch allgemeines Erwärmen der Eisoberflächen einander an, sind daher im IR-Bild bei Wolken-Unterbefliegungen nicht mehr erkennbar (HORVATH, BROWN, 1971).

Nach TOOMA (1974) ist älterer Schnee auf dem Eis in der Ostgrönlandsee wegen der niedrigen Temperaturen sehr trocken und beeeinflußt die IR-Aufnahme nicht. Bei Neuschnee verändern sich die Strahlungswerte und das Erscheinungsbild des Eises.

UNTERSTEINER (1969) gibt als mittlere monatliche Oberflächentemperatur des arktischen Meereises $0^{\circ}C$ im Juli (Max.) und $-32^{\circ}C$ im Februar (Min.) an.

Abb. 54 stellt die Differenz von Luft- und Wassertemperatur für vier Monate des Jahres dar. Weil die Temperatur der Eisoberfläche hiermit zusammenhängt, darf aus dem Kurvenverlauf

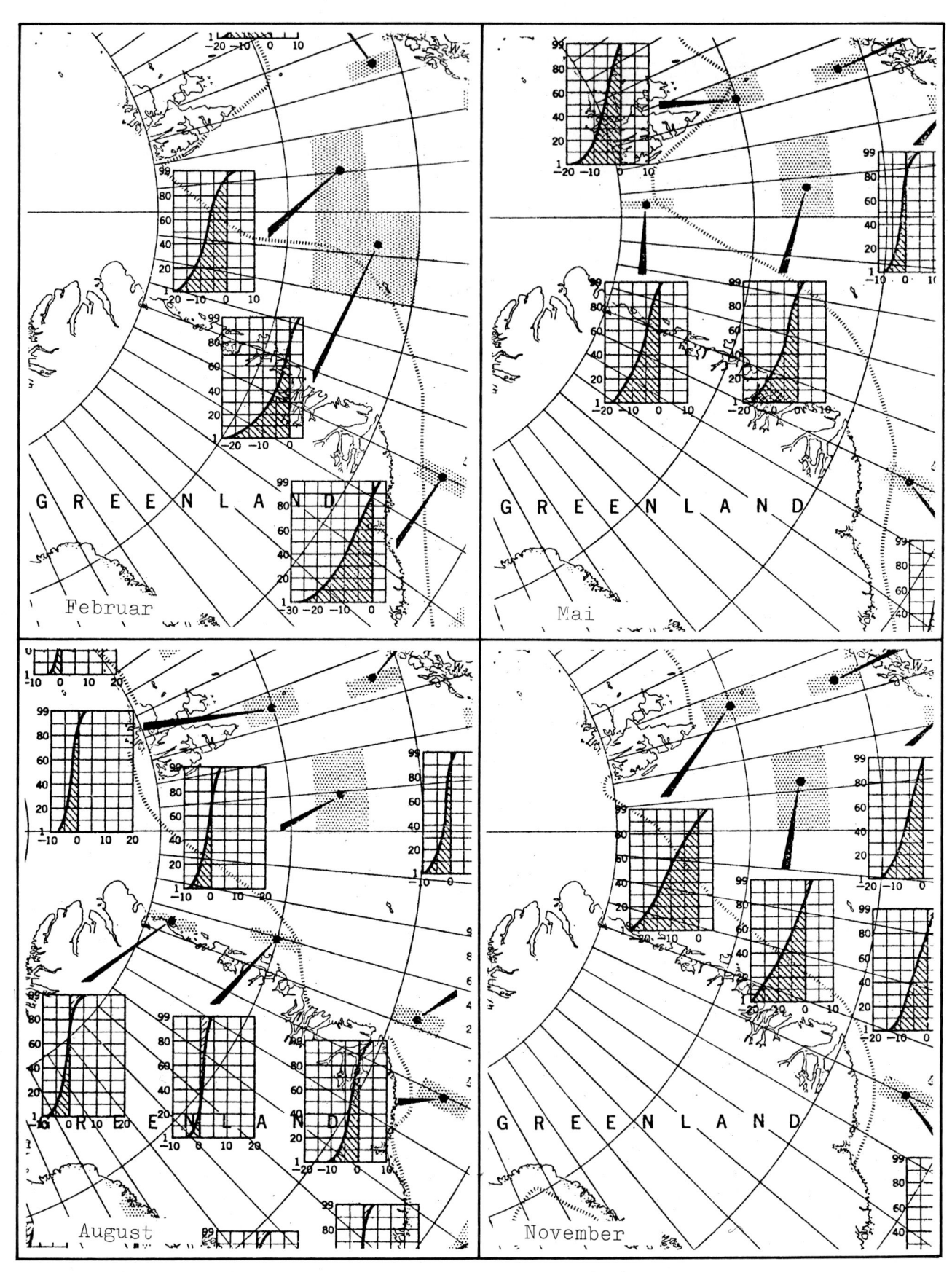

Abb. 54. Kumulative Häufigkeit der Temperaturunterschiede
von Luft und Meeresoberfläche. Legende S. 97.
(aus: U.S. NAVY HYDROGRAPHIC OFFICE, 1958)

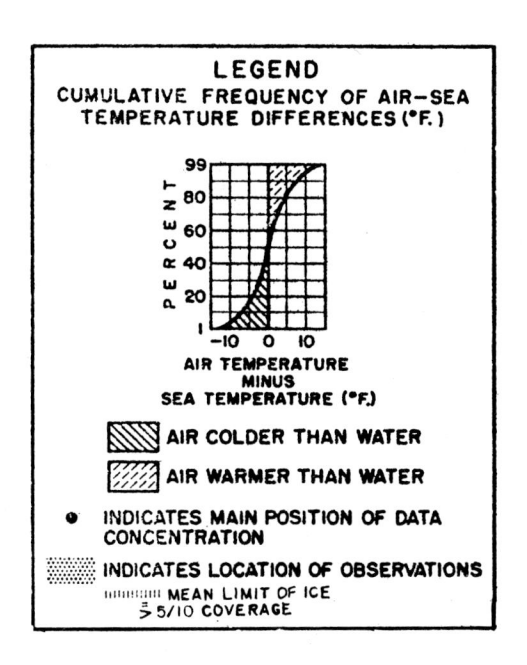

```
        LEGEND
CUMULATIVE FREQUENCY OF AIR-SEA
   TEMPERATURE DIFFERENCES (°F.)
```

[Diagram: cumulative frequency curve of air temperature minus sea temperature (°F)]

▨ AIR COLDER THAN WATER
▧ AIR WARMER THAN WATER
● INDICATES MAIN POSITION OF DATA CONCENTRATION
░ INDICATES LOCATION OF OBSERVATIONS
⋯ MEAN LIMIT OF ICE ≧ 5/10 COVERAGE

gefolgert werden, daß IR-Aufnahmen besonders für die Eisüberwachung in den kalten Jahresabschnitten geeignet sind, da im Sommer die Temperaturunterschiede zu gering werden. Ein Vergleich des IR-Bildes vom 25.6. (Abb.55,Anh.) mit der simultanen Aufnahme im sichtbaren Bereich (Abb. 41) bestätigt diese Annahme. Im Gegensatz dazu lassen sich im IR-Bild vom 25.3. (Abb. 39) einzelne Eisschollen, Wasser und Wolken recht gut voneinander trennen.
Diesem allgemeinen Trend passen sich auch die übrigen vorliegenden IR-Aufnahmen an. Nähere Aussagen können wegen der lückenhaften Bildserie nicht getroffen werden.

Zur Unterstützung der visuellen Grautonanalyse eignen sich Methoden der Densitometrie, bei denen die räumlichen Merkmale der Bildobjekte aber vollständig unterdrückt werden, sofern nicht eine weitergehende Interpretation vorgenommen wird. BARNES (1972) und BARNES u.a. (1969, 1970, 1972a, 1972b) gelang es im Ansatz, durch sorgfältige technische Experimente sowohl mit elektronischen wie auch photographischen densitometrischen Verfahren eine Bildverbesserung von Nimbus und ITOS-SR IR-Aufnahmen im Hinblick auf die Meereiserkennung herbeizuführen.

8. ZEITFAKTOR

Zusammenfassung

Zur Feststellung der günstigsten Bildrepetition bei wolkenlosem Gelände wird eine in Kurvenform dargestellte Beziehung zwischen Aufnahmehäufigkeit und Bildlagefehler abgeleitet. Nach einer Beschreibung des zeitlichen Ablaufs von Eiszustandsänderungen wird eine Zeit-Skalenklassifikation der Eisparameter vorgestellt, die den Vorteil der täglichen Wettersatellitenbilder gegenüber den ERTS-Aufnahmen demonstriert.

Einer Abschätzung der Bewölkungsverhältnisse in der Ostgrönlandsee anhand der Bildserie folgen Bemerkungen zur unterschiedlichen Wolkenbeobachtung vom Satelliten bzw. Boden aus. Für das Untersuchungsgebiet relevante Daten der NASA-Wolkenstatistik wurden graphisch aufbereitet. Danach erreicht die Bedeckung im Winter ihr Minimum, im Sommer ihr Maximum.
Angesichts der häufigen und ausgedehnten Bewölkung muß als Minimalforderung eine tägliche Bildrepetition verlangt werden.

8.1. Erforderliche Aufnahmehäufigkeit bei Wolkenfreiheit

Die Auswertbarkeit und damit die sinnvolle Nutzung der Bildserie werden durch den Zeitpunkt und die Häufigkeit der Aufnahme beeinflußt.
Zur Feststellung der günstigsten Jahres- bzw. Tageszeit und Bildrepetition zur Erfassung der zeitvariablen Eisparameter sind drei Aspekte zu berücksichtigen:
- Der zeitliche Ablauf des Naturgeschehens
- Die Eigenschaften des Sensors (Positionsgenauigkeit, spektrale Empfindlichkeit)
- Der Einfluß äußerer Störfaktoren, besonders der Wolken.

Die täglichen und jahreszeitlichen Variationen des Grautons und also der Objekterkennbarkeit im Bild aufgrund des Strahlungs- und Temperaturverhaltens und der Beleuchtung des Geländes wurden bereits im 7. Kapitel erörtert.
Es soll noch erwähnt werden, daß sich neuerdings in der ozeanographischen Literatur in Bezug auf die tägliche Bildaufnahme der Begriff "semikontinuierlich" eingebürgert hat. Der damit gemeinte Sachverhalt wird aber weniger irreführend und exakt durch die Bezeichnung "periodisch" ausgedrückt.

8.1.1. Abhängigkeit vom Positionierungsfehler der Bilder

Die folgenden Überlegungen beziehen sich auf das Beispiel der Eisschollendrift, sind jedoch auf alle kinetischen Vorgänge in Verbindung mit Eisparametern übertragbar.

Die Lagegenauigkeit eines Bildpunktes im geographischen Koordinatennetz sei mit einem (maximalen) Fehler von 30 km bestimmbar; eine Scholle bewege sich mit der (durchschnittlichen) Geschwindigkeit von 5 km/Tag bei idealen Wetter- und Aufnahmebedingungen. Sofern die Lage der Eisscholle in einem Bild bekannt ist, kann man wegen des Positionierungsfehlers frühestens nach 6 Tagen eine Aussage über die Lageveränderung der Scholle treffen. Alle zwischenzeitlichen Aufnahmen erscheinen überflüssig.

Diese theoretisch begründete Maximalforderung an die Bildrepetition wurde für mehrere Driftgeschwindigkeitswerte (1 km/Tag bis 27 km/Tag) in Abb. 56 für Bildlagefehler von 10, 20, 30 und 40 km graphisch durch die Hyberbeläste $xy = 10, 20, 30, 40$ ($x, y > 0$) dargestellt. Das genannte Zahlenbeispiel läßt sich aus der Kurve $xy = 30$ ablesen: Für $x = 5$ ergibt sich die Repetition von 6 Tagen. Aufnahmehäufigkeiten von y Tagen mit $5y < 30$ (Punkte im Koordinatensystem unterhalb der Kurve) sind nicht notwendig, längere Bildabstände ($y > 6$) nicht mehr optimal.

In Anbetracht der Ergebnisse aus 6.4. wurde die Hyperbel $xy = 10$ auf die VHRR-Bilder angewendet.

8.1.2. Anforderungen der zeitvariablen Parameter an die Aufnahmerepetition

Als Nächstes ist herauszuarbeiten, in welchen Zeiträumen sich kurz- und längerfristige klar ersichtliche Eiszustandsänderungen abspielen. Dabei muß zwischen diskreten Ereignissen, deren Gesamtdauer beobachtet werden kann, und kontinuierlich ablaufenden bzw. als solche betrachteten Vorgängen, für die man nur räumliche Mittelwerte pro gewählter Zeiteinheit angeben kann, unterschieden werden.

Stetige Ereignisse lassen sich durch eine Bildfolge wegen der je Aufnahme konstanten Zeitvariablen (vgl. 3.1.) nur in Annäherung und durch Interpolation rekonstruieren. Beispielsweise

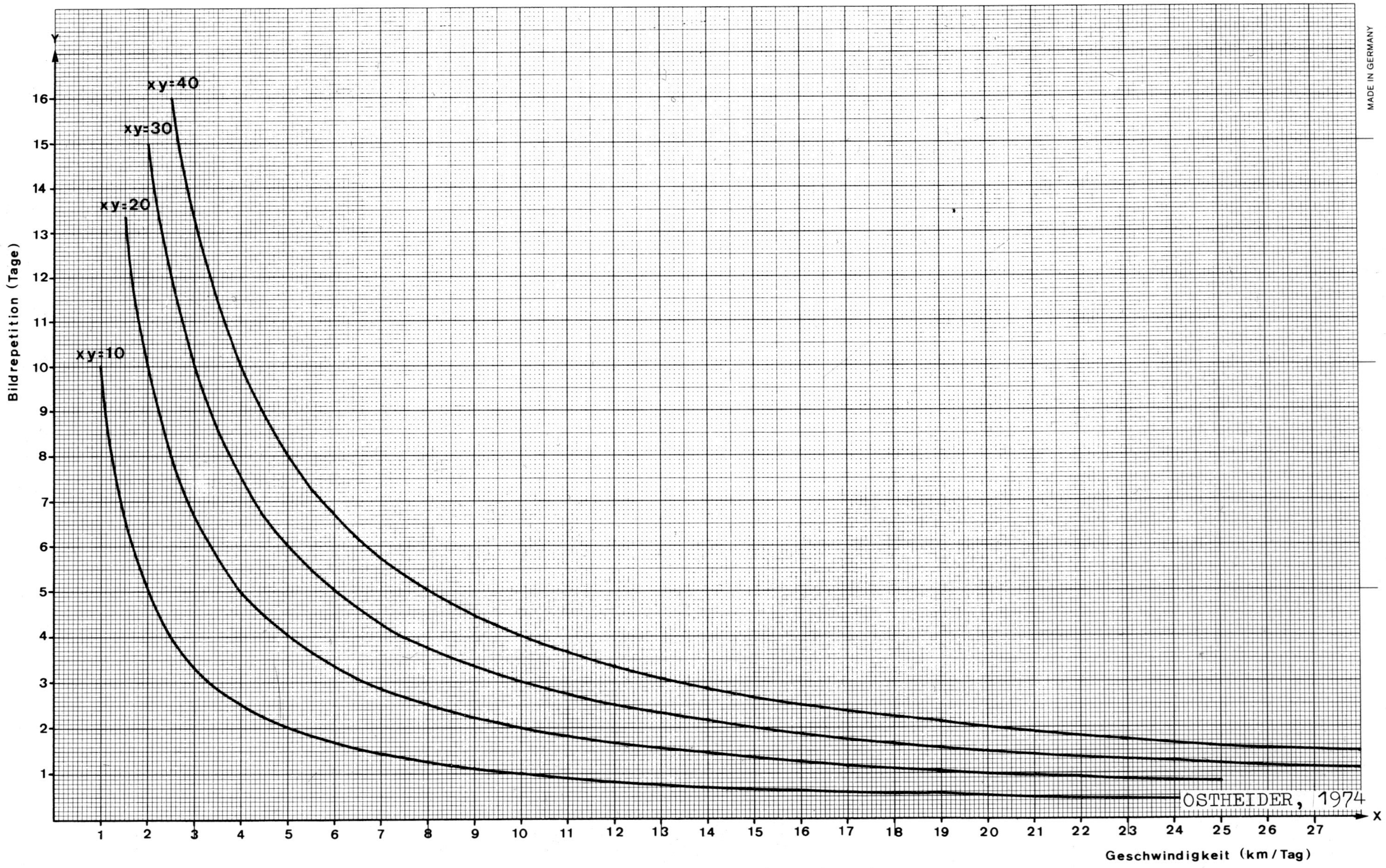

Abb. 56. Zusammenhang zwischen Bildrepetition, Driftgeschwindigkeit und Bild-Positionierungsfehler.

werden nicht der Weg und die Geschwindigkeit einer driftenden
Scholle, sondern nur ein approximierender Polygonzug, dessen
Eckpunkte den Aufnahmezeitpunkten entsprechen, und Mindestgeschwindigkeiten festgehalten. Je geringer die zeitlichen
Bildabstände, desto genauer kann der tatsächliche Driftweg
verfolgt werden; die erforderliche Aufnahmehäufigkeit ist
daher eine Ermessensfrage.

Einige Literaturangaben zur Driftgeschwindigkeit des Meereises
seien aufgeführt.

Nordpolarmeer: Eisinseln 1,5-1,9 km/Tag (THORÉN, 1964)
Eisschollen im Mittel 5-15 km/Tag
(CAMPBELL, MARTIN, 1973)
Eisschollen max. 50 km/Tag (CAMPBELL, 1971)

Ostgrönlandsee: Zunahme der Eisschollendrift von N nach S.
11 km/Tag bei 81°N,
20 " "   " 76°N, allerdings große tägliche
Variationen (VINJE, 1973).

Diskrete und auch räumlich-größenmäßig hier interessierende
Ereignisse spielen sich in ganz verschiedenen Zeitintervallen
ab.

UNTERSTEINER konnte auf der Internationalen Polartagung 1973
in München mit einem eindrucksvollen Film aus der AIDJEX-
Datenbank das in Sekundenschnelle ablaufende Auf- und Untereinanderschieben des Eises demonstrieren.

Man hat wiederholt Anhäufungen großer Polynyen mit Einzel-
Dimensionen bis zu 10 x 70 km^2 beobachtet, die sich innerhalb weniger Tage öffneten, und andere, die sich ebenso rasch
schlossen (CAMPBELL, 1971).

In Analogie zu Abb. 38 stellt Abb. 57 den Versuch einer Zeit-
Klassifikation der Eisparameter dar (Gesamtdauer diskreter
Ereignisse). Die zeitliche Abgrenzung der kurz-, mittel- und
langfristigen Abläufe weicht von einer ähnlichen Unterteilung
ab, die MAHNCKE (1973) in Verbindung mit der Luftbildkartierung
von Brandrodungsflächen einführte. Die unterschiedliche Einteilung erklärt sich durch den differierenden Forschungsgegenstand.

Im Gegensatz zu Abb. 38 erweist sich nun die VHRR-Bildfolge
den selteneren ERTS-Bildern mit ihrer 14-tägigen Lücke zwischen den vier Aufnahmetagen (vgl. 5.5.) weit überlegen.

	MIKROSKALA		MESOSKALA		MAKROSKALA	OSTHEIDER, 1974
Zeitablauf	kurzfristig	Über-gangs-bereich	mittelfristig	Über-gangs-bereich	langfristig	
Zeitintervall (erforderliche Zeit-Auflösung)	Sek., Min.	Std.	Tag	Woche	Monat	Jahr
zeitvariable EIS-PARAMETER	Bildung von Rissen, Übereinanderschieben des Eises, . . . Schneedecke,	↓↑↓↑ ↑	Änderung der Konzentration, Anordnung, größere Öffnungen im Eis, Topographie, Schmelzwässer,	↓↑↓ ↑↓	Entstehung und Abbau von Eis, Festeis-Landlösung, mittlere Eis-randlage, Grenze für extreme Ausdehnung,	

```
   ─ ─ ─ ─       ───────────       ───────────
                    VHRR                ERTS
                   ERTS
                 (bedingt)     (Flugzeug nur bedingt verwendbar)
```

Abb. 57. Zeit-Skalenklassifikation der Meereisparameter.

Luftbilder sind aus dieser Betrachtung wegen der oft schwierigen Flugbedingungen und der daher nicht stets zu erfüllenden Anforderung an die zeitliche Auflösung der Bildserie auszuschließen.

8.2. Bewölkung der Ostgrönlandsee

Die hohe zeitliche Auflösung der Wettersatellitenbilder verliert für die Meereiserkundung jeden Wert, wenn die interessierende Region durch dichte Bewölkung verdeckt ist.

In den vorliegenden VHRR-Bildern im sichtbaren Bereich wurde mit Hilfe des Koordinatennetzes das Gebiet der vereisten Ostgrönlandsee zwischen $74°N$ und $80°N$ abgegrenzt und dessen Bewölkungsgrad für eine Stufeneinteilung in 0, 25, 50, 75, 100 % geschätzt. Für den Zeitraum vom 4.4. bis 30.9.1973 ergab sich folgende Verteilung, wobei an 27 Tagen keine Bilder im sichtbaren Kanal zur Verfügung standen:

Anzahl der Tage	Bewölkungsgrad
7	0 %
60	25 %
55	50 %
24	75 %
7	100 %

Um einen weiteren Anhaltspunkt für die Verwertbarkeit der Bildserie zu erhalten, wurde ebenfalls festgestellt, ob der Eisrand im genannten Gebiet wolkenarm und erkennbar oder nicht sichtbar war:

    Eisrand erkennbar an 74 Tagen,

    Eisrand nicht erkennbar an 79 Tagen.

Das letzte Resultat zeigt, daß für die Eiskartierung mit Angabe des Eisrandes höchstens etwa jedes zweite Bild der Serie voll verwendbar ist.

IR-Bilder wurden bei der Durchsicht ausgenommen, da das Temperaturbild der Wolken teilweise auf andere Bedeckung schließen läßt als das Bild im sichtbaren Band.

In der Meteorologie erkannte man sehr früh die Diskrepanz zwischen den Satelliten- und Bodendaten vor allem bezüglich des Bewölkungsgrades. WALCH (1968) und WIENER (1967) führten die voneinander abweichenden Wolkenbilder vorwiegend auf die

unterschiedliche Perspektive von Himmels- und Bodenbeobachtung zurück. Im allgemeinen wird das Ausmaß der Bewölkung vom Boden aus überschätzt, vom Satelliten aus dagegen unterschätzt (SHERR u.a., 1968).
Den Einfluß der Auflösungsgrenze des Sensors auf die Wolkendarstellung betonten MILLER, FEDDES (1971) und wiesen auf die Transparenz dünner Wolken hin, die wegen dieser·Eigenschaft im Satellitenbild oft nicht erscheinen.
Dieses Phänomen beobachteten auch NELSON, NEEDHAM, ROBERTS (1970) bei der Auswertung von Nimbus 1 Aufnahmen des grönländischen Bereichs um Store Koldewey aus dem Jahre 1964. Hohe Cirren und Altocumuli beeinträchtigten die Eiserkennbarkeit im Bild gar nicht und niedriger Stratus nur selten, während Cumuluswolken undurchsichtig erschienen und das drunterliegende Eis verdeckten.
Eine ausführliche Übersicht mit Aufarbeitung der Literatur über die Interpretation und Klassifikation von Wolken anhand von Satellitenaufnahmen bietet BARRETT (1974). Für die meteorologische Interpretation der Satellitendaten ganz allgemein empfiehlt sich das Buch von KONDRAT'EV, u.a. (1966).

Zur Vorbereitung des Erderkundungsprogramms, das vom Raumschiff Skylab aus durchgeführt werden sollte, stellte die NASA Computerprogramme auf, mit denen die Bewölkungsverhältnisse der überflogenen Erdgebiete simuliert werden konnten (DAVIN, BROWN, 1973). Grundlage der Berechnungen war die globale Bewölkungsstatistik der NASA (SHERR, u.a. 1968), welche die prozentuale Wahrscheinlichkeit des Vorkommens der fünf Bewölkungskategorien 0, 10-30, 40-50, 60-90 und 100 % Bedeckung angibt. Dabei wurde die Erdoberfläche in 29 als homogen betrachtete Regionen aufgeteilt, deren Grenzen aus computertechnischen Gründen entlang von geradzahligen Längen- und Breitenkreisen gezogen wurden. Pro Region und Monat sind die mittleren Wahrscheinlichkeiten der jeweiligen Wolkenbedeckung in 3-stündigem Zyklus für acht verschiedene Tageszeiten (lokale Ortszeit) aufgeführt. Als Datenquelle dienten hierfür Bodenstationswerte.
Die NASA, MSFC (1974) stellte freundlicherweise einen Computerausdruck dieser Statistik für die Region 15 zur Verfügung,

welche das gesamte Polargebiet nördlich von 70°N, die Dänemark Straße und den südlichen Teil von Grönland bis 62°N umfaßt.

Aus diesem Zahlenmaterial wurden die 13:00 Uhr Werte herausgegriffen und als Säulendiagramm dargestellt (Abb. 58a). Das Minimum der Bewölkung wird demnach im Winter, das Maximum im Sommer erreicht, also gerade zur Zeit der größten Veränderungen im Eiszustand.

Die Aussagekraft der Wolkenstatistik ist im Hinblick auf die Ostgrönlandsee eingeschränkt, da der Bedeckungsgrad als Funktion der Gebietsgröße angesehen werden muß: Für einen genügend kleinen Ausschnitt der Erdoberfläche existieren nur die zwei Möglichkeiten, null- oder hundertprozentig bewölkt zu sein; als mittlerer Bewölkungsgrad der Gesamterde werden 40 % angegeben (SHERR, u.a.,1968); für Zwischenbereiche können beliebige Werte von 0 % bis 100 % Gültigkeit haben.

Durch Vergleich von simultanen Boden- und Satellitenbeobachtungen gelang der NASA die Aufstellung eines Umrechnungsmodus, mit dem aus den 13:00 Uhr Bodenwerten die zugehörigen Satellitendaten für dieselbe Tageszeit abgeleitet werden können (GREAVES, u.a., 1971). Die in Abb. 58b wiedergegebenen Werte für die Arktis veranschaulichen die geringere Einschätzung der Bewölkung vom Satelliten aus. Der allgemeine Trend im Jahresablauf bleibt erhalten.

BROWN (1970) simulierte mit Hilfe eines Rechengeräts eine Satelliten-Erderkundungsmission und kam zu dem Schluß, daß von mehr als hundert Satellitendurchgängen möglicherweise nur einer in Frage kommen könnte, um ein Gebiet mit einem Durchmesser von 100 nm in einer wolkenreichen Region synoptisch zu beobachten. Die hohe Zahl der für die betreffende Gegend nicht verwertbaren Revolutionen verringert sich auf etwa zehn, sofern man sich mit kleineren Ausschnitten des Gebietes zufrieden gibt.

Ein weiteres Zahlenbeispiel legte MARTIN (1973) vor. Danach wurden vom 13.3. bis zum 1.8.1973 lediglich 53 relativ wolkenarme VHRR-Aufnahmen von Mitteleuropa empfangen.

In einer Publikation der ehemaligen Behörde ESSA (1968) ist angegeben, daß wöchentlich ein bis zwei für die Meereisüberwachung brauchbare Wettersatellitenbilder erhalten werden.

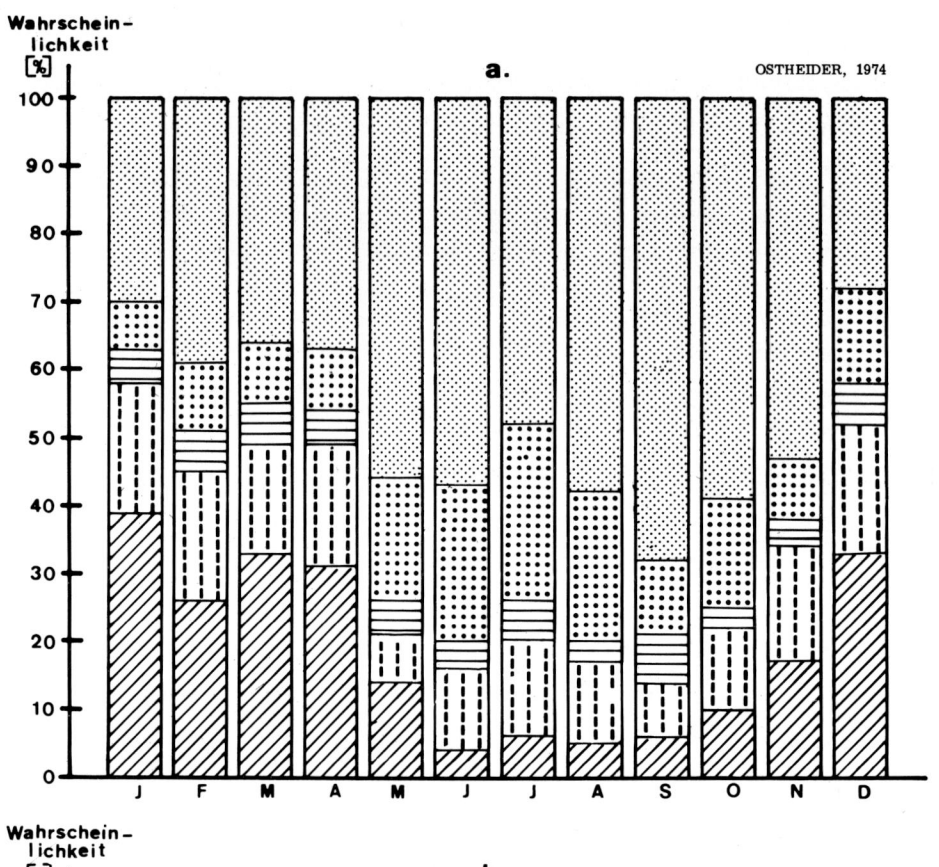

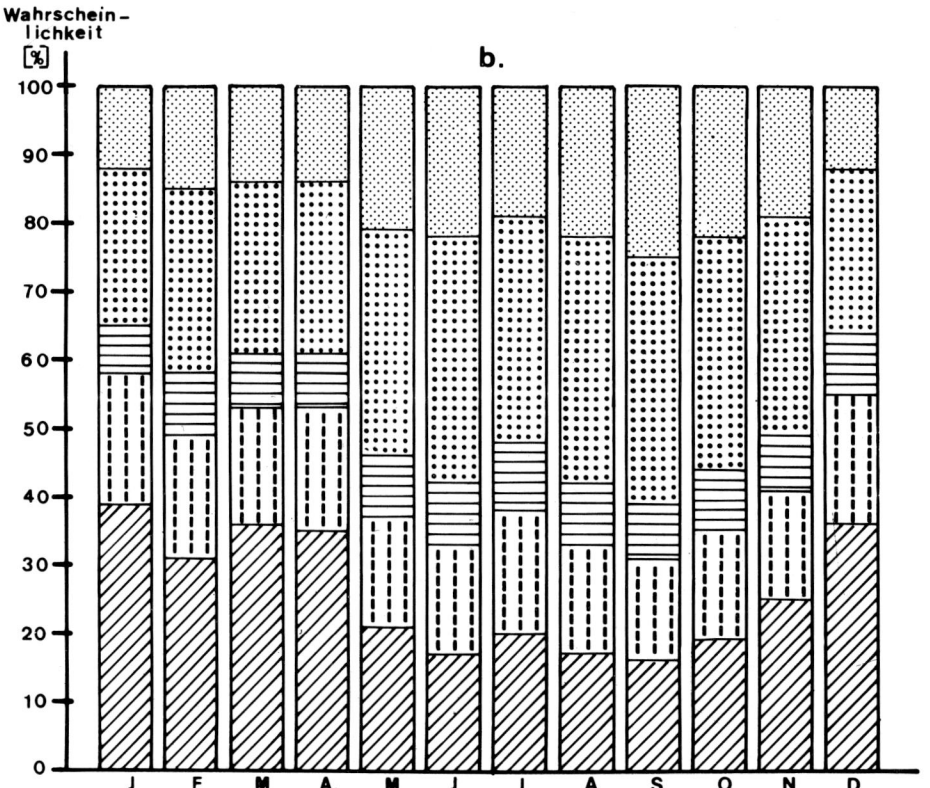

Abb. 58. Wahrscheinlichkeit des Vorkommens von 5 prozentualen Bewölkungsstufen für jeden Monat in der Arktis, basierend auf
a. Bodenstationswerten, b. Satellitendaten.
Daten: NASA, MSFC, 1974.

0 %   60-90 %
10-20 % 100 %
40-50 %

Einer Studie von VOWINCKEL (1962) entnimmt man für die Ostgrönlandsee bei 75°N, 20°W die folgenden monatlichen Mittelwerte der Bewölkung (in Prozent):

J　F　M　A　M　J　J　A　S　O　N　D
45　46　48　40　45　55　55　62　49　49　58　50

Danach ist während des ganzen Jahres, besonders aber im Sommer mit hoher Bedeckung des Himmels zu rechnen.

Angesichts des ungünstigen Einflusses einer Wolkendecke auf die Auswertbarkeit der Satellitenbilder können die Überlegungen in 8.1. als weniger wichtig betrachtet werden.
Da auf jeden Fall an allen wolkenarmen Tagen das Eisgebiet aufgenommen werden sollte, die Bewölkungsverhältnisse aber nicht einem bestimmten Rhythmus unterliegen, muß als Minimalforderung eine tägliche Bildrepetition verlangt und ein gewisser Aufnahme-"Ausschuß" in Kauf genommen werden.

8.3. In VHRR-Bildern erfaßbare Eisparameter

Eine Zusammenfassung der Resultate aus Kapitel 6. und 7. und ein Vergleich mit Tab. 5 ergeben, daß alle zeitstationären Eisparameter 2. Ordnung mit den VHRR-Bildern erfaßbar sind, falls sie oberhalb der Detailerkennbarkeitsschwelle liegen, während sämtliche Parameter 1. Ordnung nicht in den Aufnahmen erkennbar, sondern höchstens indirekt zu erschließen sind. Hieraus läßt sich ersehen, welche zeitvariablen Parameter bei Wolkenfreiheit bestimmbar sind.

9. TRENNUNG DER BILDOBJEKTE; AUSWERTUNGSBEISPIELE

Zusammenfassung
Nach einer Diskussion der Möglichkeiten zur Differenzierung zwischen Meereis und Wolken, Wasser, Land und zwischen Land-, Fest- und Treibeis wird je ein praktisches Beispiel für eine zeitstationäre bzw. zeitvariable Eisinventur aufgezeigt.
Zur ausführlichen Analyse der VHRR-Bilder sind zusätzlich "ground checks" erforderlich.

9.1. Möglichkeiten zur Trennung der Bildobjekte

Es gilt die Voraussetzung, daß die zu identifizierenden Bildobjekte größenmäßig oberhalb der Detailerkennbarkeitsschwelle liegen.
Um die Eisobjekte stets von ihrer Bildumgebung unterscheiden zu können, müssen Methoden vorgelegt werden, nach denen einerseits Eis von Wolken, Wasser bzw. Land, andererseits Festeis, Treibeis und schwimmendes Landeis voneinander getrennt werden können.

9.1.1. Meereis und Wasser

Die Differenzierung zwischen Meereis und Wasser in den Aufnahmen im sichtbaren Kanal bereitet keine Schwierigkeiten, wie Abb. 47 verdeutlicht, wobei allerdings die in Kap. 7. gemachten Einschränkungen zu berücksichtigen sind (Abb. 59a, Anh.).
Bei den IR-Bildern ist die Unterscheidbarkeit in den kalten Jahresabschnitten gut, im Sommer dagegen kaum möglich (Abb. 59b, Anh.).

9.1.2. Meereis und Land

Die Trennbarkeit von Meereis und Land ist genau dann gegeben, wenn der Küstenverlauf nachgezeichnet werden kann.
Dieses Vorhaben wird bei den vorliegenden Frühjahrs- und Herbstaufnahmen in beiden Spektralbändern durch das ähnliche Aussehen von Festeis und Inlandeis erschwert.
Auf den Sommerbildern im optischen Bereich läßt sich das dunkle Wasser leicht mit dem ebenso dunklen Land verwechseln,

während die IR-Aufnahmen den Küstenverlauf gestochen scharf wiedergeben.
Falls beide VHRR-Bilder derselben Geländeszene zur Verfügung stehen, kann durch deren photographisches Übereinanderkopieren eine gute Differenzierung erreicht werden. Abb. 59c (Anh.) zeigt ein Beispiel eines solchen 2-Kanal-Kompositums. Bei dem Kopiervorgang addieren sich in jedem Punkt die Dichtewerte, wodurch das komponierte Bild flauer als die Aufnahme im sichtbaren, aber kontrastreicher als die im infraroten Bereich erscheint. Der Küstenverlauf tritt nun deutlicher als in Abb. 59a hervor.
Dieses Verfahren wurde in Analogie zur Herstellung des "Pseudo-Reliefs" ausgewählt, bei dem nach HELBIG (1972) ein Papier-Positivbild mit einem unscharfen Negativ-Transparent als Maske versehen wird.

9.1.3. Meereis und Wolken

Das größte Problem liegt bei beiden Spektralbereichen in der Diskriminierung von Eis und Wolken.
McCLAIN, BAKER (1969) erprobten mit Erfolg eine rein quantitative vollautomatisierte Aufbereitung von Fernseh-Satellitenbildern zur Meereiserkundung, die danach von mehreren Autoren aufgegriffen wurde (McCLAIN, BALILES, 1971; STRETEN, 1973; WENDLER, 1973).
Die Vidikon-Daten des Satelliten werden digitalisiert, entzerrt, reduziert und dann aus den Bildern derselben Geländeszene von fünf aufeinander folgenden Tagen ein Kompositum hergestellt, bei dem in jedem Bildpunkt der mittlere minimale Helligkeitswert von allen fünf Bildern aufgezeichnet wird. Durch diese Methode läßt sich das quasi-stationäre und etwas dunklere Meereis von der rascher veränderlichen hellen Bewölkung differenzieren, sofern das zu untersuchende Gebiet an mindestens einem der fünf Tage wolkenfrei war. Die Auflösung des Endprodukts dieser Filterung, der "5-Day Composite Minimum Brightness Chart", ist gegenüber den Ausgangsdaten erheblich vermindert.
Eine Verbesserung des Verfahrens durch Grautonkalibrierung stellte McCLAIN (1973b) vor.

Allerdings konnte diese Methode bislang nur auf die Vidikon-
Daten der ESSA-Satelliten angewandt werden.

ABER, VOWINCKEL (1972) machten auf die Nachteile dieser CMB-
Charts aufmerksam, unter anderem auf die Verwechslungsmöglichkeit von Eis und beständiger Wolkendecke und auf die
großen Positionierungsfehler bis zu 60 nm. Die Autoren kamen
zu dem Schluß, daß eine sorgfältig durchgeführte Photointerpretation der aufwendigen Computerverarbeitung überlegen sei.
Ähnlich äußerte sich SWITHINBANK (1970):

> "..clouds obscure ice and, since they reflect approximately
> the same amount of light, they can easily be confused with
> ice. It is here that experience counts, and after staring
> persistently at a thousand photographs the user can dis-
> tinguish more often and more reliably between clouds and
> ice than he was able to do before."

Die Photointerpretation stützt sich hierbei außer auf die
üblichen Informationsmerkmale (vgl. 3.2.) noch besonders auf
den Schattenwurf der Wolken und auf Veränderungen innerhalb
der Geländeszene, die sich aus dem Vergleich mehrerer Bilder
ergeben. Dabei können Wolken, die oft in ein ausgedehnteres
küstenquerendes System einbezogen sind, im allgemeinen von
der körnigen Textur des Treibeises unterschieden werden.

Auch ein 2-Kanal-Kompositum bringt Vorteile, wie folgendes
Beispiel zeigt:

Der Pfeil in Abb. 59a weist auf eine dunkle lineare Struktur,
deren Interpretation fraglich erscheint. Durch Ausnutzung der
IR-Daten (Abb. 59b, c) kann diese Erscheinung als Wolkenschatten identifiziert werden.

9.1.4. Festeis, Treibeis und schwimmendes Landeis

Festeis ist in beiden Spektralbereichen durch besonders helle
Tönung und homogenes Erscheinungsbild gekennzeichnet, wohingegen Treibeis ein wenig dunkler und mit ausgeprägter Textur
und Struktur erscheint.

Die Drift der Eisberge und Eisinseln[+] wird vorwiegend durch
die Meeresströmungen beeinflußt, wodurch sich Unterschiede
in Bewegungsrichtung und Geschwindigkeit zu der vom Wind
stärker bestimmten Treibeisdrift ergeben können (MELLOR, 1964).
Eisinseln wiederum können das Driftverhalten von Eisschollen
modifizieren: Man beobachtete, daß das gesamte Treibeis im

[+] s. Eisnomenklatur der WMO, Abb. 30 (Anhang)

Umkreis von ARLIS-II bis zu einer Entfernung von 8 km eine
mit der Bewegung dieser Eisinsel konforme Drift vollführte
(HIBLER, u.a., o.J.).
Die Trennung von Treibeis und Landeis beruht somit auf einer
zeitlichen Driftanalyse.

9.2. Exemplarische Behandlung ausgewählter Probleme der räumlich-zeitlichen Meereis-Bestandsaufnahme

9.2.1. Satelliten-Eiskarte

Zunächst sollen einige Möglichkeiten zur Eiskartierung aus
Satellitenbildern als Beispiel für eine zeitstationäre Eis-
inventur angesprochen werden.
Zur Bewertung der Kartiermöglichkeiten werden zunächst die
einschlägigen Eiskarten (vgl. Tab. 7) vorgestellt.
Die dänische Patrouillen-Eiskarte in Abb. 60 (Anh., vgl.
Abb. 32, Anh.) umfaßt den südlichen Teil der Photos aus
Abb. 59 (Anh.). Zwar gibt sie detailliertere Auskünfte über
den Eiszustand in Küstennähe - so speziell zum Eisalter und
Vorkommen von Landeis - macht aber im Gegensatz zu den Satellitenbildern keinerlei Aussagen über das küstenfernere Meereis.
Die norwegische Eiskarte vom 18.5.1973 (Abb. 61) stellt nur
die Eisrandlage und zwei Konzentrationseinheiten in der Ostgrönlandsee dar, während in der englischen Karte vom 19.5.1973
(Abb. 62) zusätzlich Angaben zum schwimmenden Landeis, zu
Küstenrinnen und zur Eistopographie erscheinen. Wie stark
diese Karten generalisiert sind, zeigt das VHRR-Bild vom
19.5. (Abb. 40, Anh.) mit dem Vorteil einer genaueren Beschreibung des Eisschollenverbands.
Auch die etwas ausführlichere Karte der U.S.-Marine vom
26.6.1973 (Abb. 63) schneidet im Vergleich zur Satelliten-
Aufnahme vom 25.6. (Abb. 41, Anh.) schlecht ab.

Der Anwender von Eiskarten wünscht in erster Linie vier
Informationen:
- die genaue Lage des Eisrandes
- die Eiskonzentration
- Lage und Größe von Öffnungen im Eis
- die Dicke des Eises

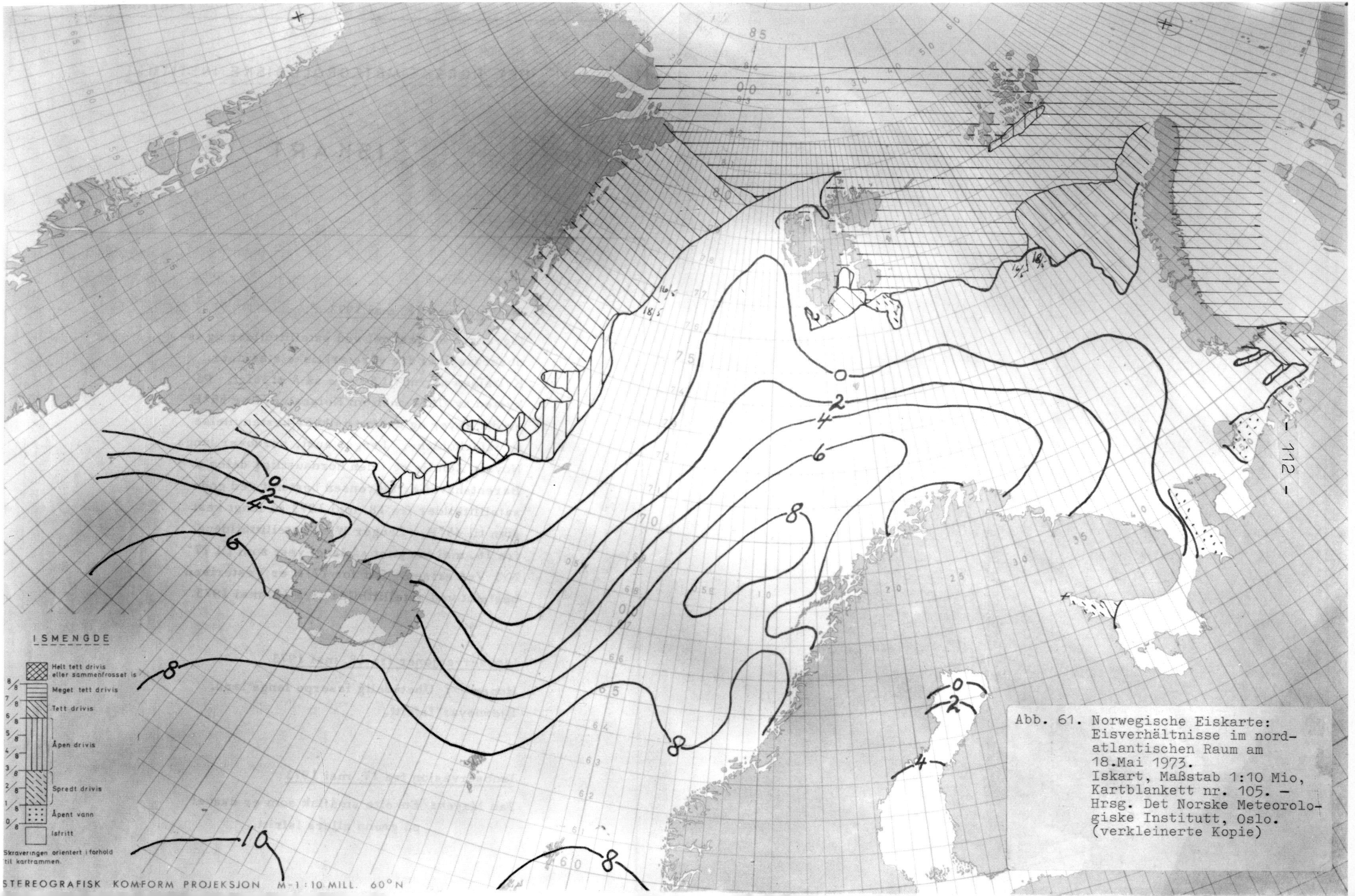

Abb. 61. Norwegische Eiskarte: Eisverhältnisse im nordatlantischen Raum am 18.Mai 1973. Iskart, Maßstab 1:10 Mio, Kartblankett nr. 105. - Hrsg. Det Norske Meteorologiske Institutt, Oslo. (verkleinerte Kopie)

Abb. 62. Englische Eiskarte:
Eisverhältnisse im nord-
atlantischen und nordost-
amerikanischen Raum am
19. Mai 1973.
Sea Ice Chart, Maßstab
1:10 Mio.
Hrsg. Meteorological
Office, Bracknell.
(verkleinerte Kopie)

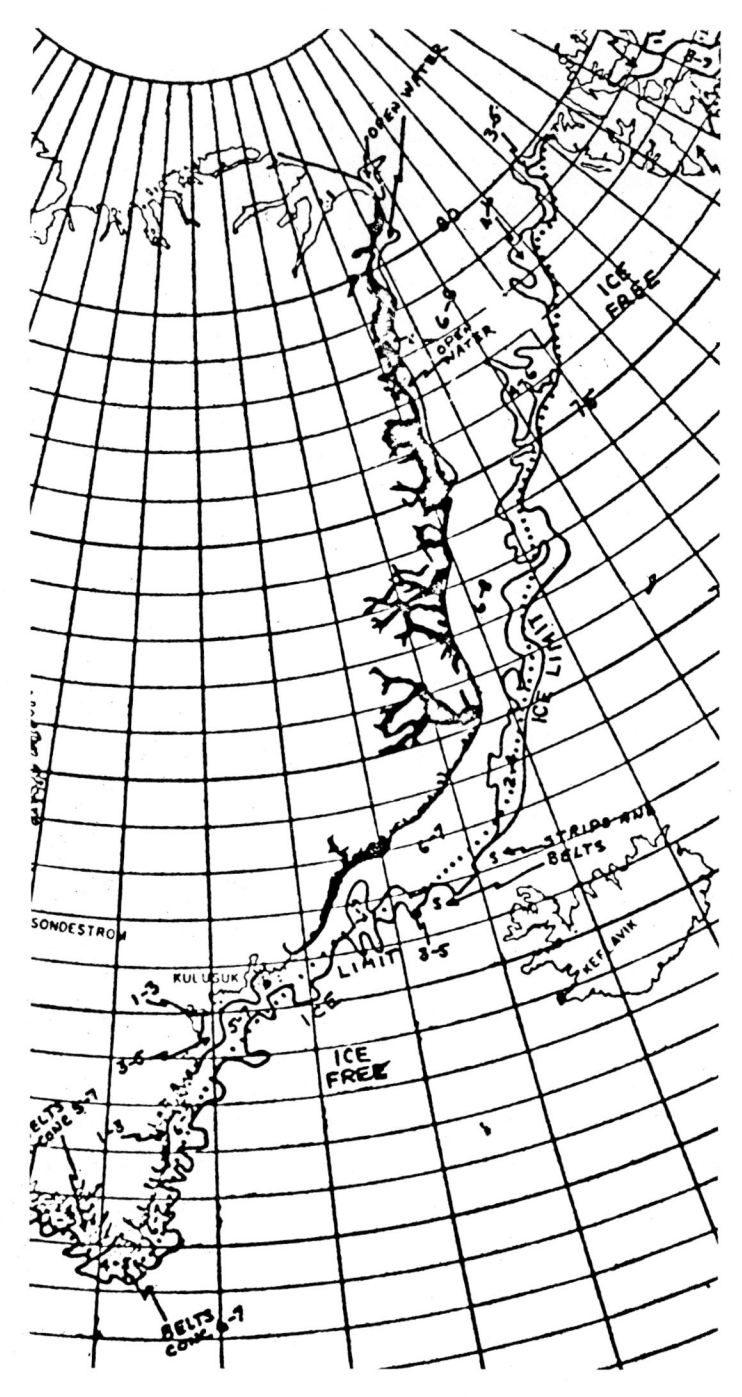

Abb. 63. U.S.-amerikanische Eiskarte (Ausschnitt):
Südlicher Eisrand im ostgrönländischen Raum am 26.Juni 1973.
Bemerkungen:
1. ..... Eisrand-Vorhersage für den 3.7.1973,
2. Eiskonzentration in Achtel.
Ohne weitere Angaben. — Hrsg. Fleweafac, Suitland.

und stellt, gemeinsam mit dem Hersteller, folgende Forderungen an die Eiskarte:
- preiswerte, schnelle und nicht personalaufwendige, möglichst automatisierte Erzeugung und
- rasche und billige Vervielfältigung

zur Sicherung der Aktualität.

Wie bereits erwähnt, können Satellitenbilder zur Eisdicke wenig aussagen.

Zur Ermittlung der anderen drei Informationen aus Satellitenbildern genügen
- ein geographisches Referenzsystem und
- eine Vorrichtung, mit der man Eis und Wasser voneinander trennen und die Konzentration zahlenmäßig festhalten kann.

Vorausgesetzt wird hierbei Wolkenfreiheit.

In Bezug auf die VHRR-Bilder liegt als Referenzsystem das konstruierte Netz vor. Die genannte Vorrichtung steht ebenfalls zur Verfügung als Teil des Vidikon-Analog-Bildanalysators VP-8 der ZGF in München (vgl. BODECHTEL, DITTEL, HAYDN, 1974). Bei diesem Gerät wird ein beliebig wählbarer Ausschnitt des transparenten Bildes von einer Fernsehkamera aufgenommen und auf einem Monitor wiedergegeben. Das Grautonspektrum der Aufnahme kann in zwei bis maximal acht beliebig zu variierende Graustufen eingeteilt werden. Die entsprechenden Bild-Flächenanteile werden dann auf dem Monitor farbig kodiert dargestellt und deren Flächen digital angezeigt. Durch geschickte Wahl kann erreicht werden, daß im aufgenommenen Bildausschnitt kein Festland mehr erscheint, so daß eine Kodierung in zwei Farben ausreicht: Die eine fürs grauweiße Eis, die andere fürs dunkle Wasser. Dann läßt sich unmittelbar der Flächenanteil vom Eis, d.h. die Eiskonzentration für den Bildausschnitt ablesen.

Die so ermittelten Konzentrationswerte wurden in eine Interpretationsskizze zum VHRR-Bild vom 19.5.1973 (Abb. 40, Anh., Overlay) mit abgegrenzten Konzentrationseinheiten eingezeichnet. Die exakte Lage des Eisrandes und von Öffnungen im Eis ergibt sich praktisch von selbst aus dem Photo und dem Netz. Das gleiche gilt für Festeis, Wolken und Landumrisse. Die resultierende Satelliten-Eiskarte bringt alle Informationen, die in den Eiskarten dargestellt sind, und noch mehr, denn innerhalb der Eisfläche wird in den Karten gar nicht differenziert.

Unter Benutzung einer Polaroid-Sofortkamera wurde das Monitorbild direkt abphotographiert, nachdem vorher ein Overlay auf dem Fernsehschirm befestigt und die Angaben aufgezeichnet worden waren (Abb. 64). Die Auflösung des Bildes wird zwar durch

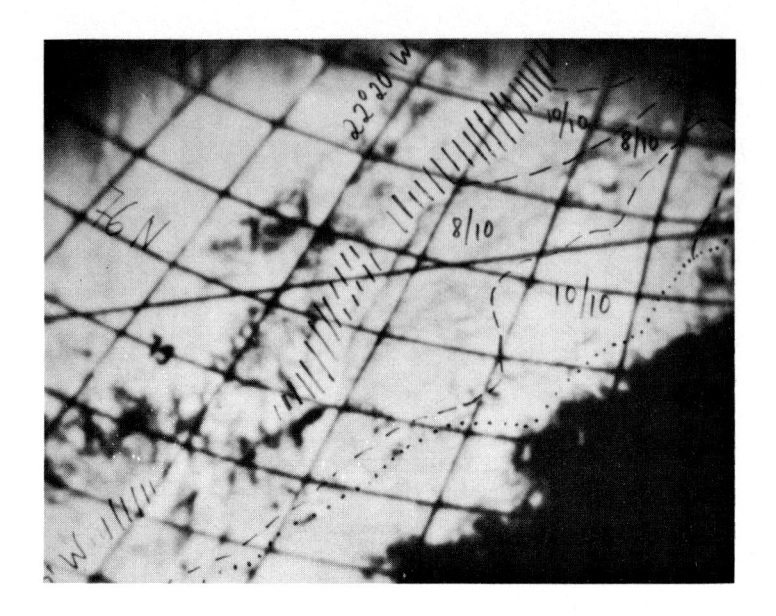

Abb. 64. Satelliten-Eiskarte: Eisverhältnisse im ostgrönländischen Raum am 19.Mai 1973.
Abphotographiertes Monitorbild des Vidikon-Analog-Bildanalysators VP-8 der VHRR-Aufnahme vom 19.5.73, Rev. 2703, 0,6 - 0,7μ (Abb.40, Anhang) mit Netz und Skizze (Festeis, Konzentrationseinheiten) auf Overlay.

die Fernsehkamera verschlechtert, aber es bringt immer noch mehr Informationen als die Eiskarten. Die halb-automatisierte Herstellung dauerte insgesamt 15 Minuten.
Bei der Kartierung der Konstellation von eisfreier zu eisbedeckter Meeresfläche ist zu berücksichtigen, daß besonders in Eisrandnähe Meereis mit einer Konzentration von weniger als 3/8 nicht in Satellitenaufnahmen feststellbar ist (POTOCSKY, 1972).
Durch eine kombinierte VHRR- und ERTS-Auswertung ließe sich die Kartierung noch wesentlich verbessern. ERTS hat den Vorteil, kleinräumige Analysen zu ermöglichen, den Nachteil der langen Zeitabstände zwischen den einzelnen Aufnahmen. VHRR-Bilder gestatten fast nur Analysen im Makroskalenbereich, haben dafür aber die hohe Repetitionsrate.
Es sei noch auf eine Reihe eindrucksvoller Aufnahmen von früheren Satelliten hingewiesen, die KAMINSKI (1971) veröffentlichte, an denen der Eiszustand im grönländischen Raum im Jahresablauf gut zu verfolgen ist.

9.2.2. Kartierung der Eisdrift

Eine Prinzipskizze (Abb. 65) soll den methodischen Ansatz zur Kartierung der Eisdrift aus den VHRR-Bildern als Beispiel für eine zeitvariable Eisinventur verdeutlichen.

Mit Hilfe des Koordinatennetzes kann eine Analyse der Schollenbewegung nach Geschwindigkeit, Richtung und Drehung um die Achsen mit einer Genauigkeit durchgeführt werden, wie sie bisher nur in besonders günstigen Einzelfällen, z.B. von Driftstationen aus, möglich war.

Die Schollen werden in zwei Bildern, deren Aufnahmedaten einige Tage auseinanderliegen, identifiziert und ihre jeweilige Netzlage wird festgestellt. Man zeichnet dann in ein festes Koordinatennetz die zwei Positionen der Schollen und ihren Mindestdriftweg ein. Die dazu notwendigen Entfernungsangaben entnimmt man dem GEOGRAPHISCHEN TASCHENBUCH (1950, S. 239).

Ähnliche Versuche zur Driftkartierung liegen z.B. von KAMINSKI (1970) und de RYCKE (1973) bezüglich VHRR und von STRÜBING (1974) bezüglich ERTS vor.

Weitergehende Analyse sollte einen Vergleich mit Strömungs- und Luftdruckdaten (AAGARD, COACHMAN, 1968) und beispielsweise eine Datenaufbereitung zu kryogenen Windrosen (BLÜTHGEN, 1973) beinhalten.

9.3. Schlußbemerkung

Das Abschußdatum des ersten Wettersatelliten, der 1. April 1960, kann als Markstein in der Geschichte nicht nur der Meteorologie, sondern auch der Polarforschung bezeichnet werden (REGULA, 1969), besonders im Hinblick auf die Meereisforschung und -überwachung.

Im Laufe der Arbeit wurden die vorteilhaften Möglichkeiten, aber auch die Grenzen der Verwertbarkeit von VHRR-Bildern für die Meereiserkundung herausgearbeitet. Im wesentlichen ergab sich volle Übereinstimmung mit der Bemerkung von SWITHINBANK (1973):

> "A happy compromise for those who need better resolution combined with relatively large areal coverage is now provided by the VHRR (Very High Resolution Radiometer) systems on board NOAA-2."

Möglichst zeitgleiche "ground checks" durch Flugzeugaufnahmen

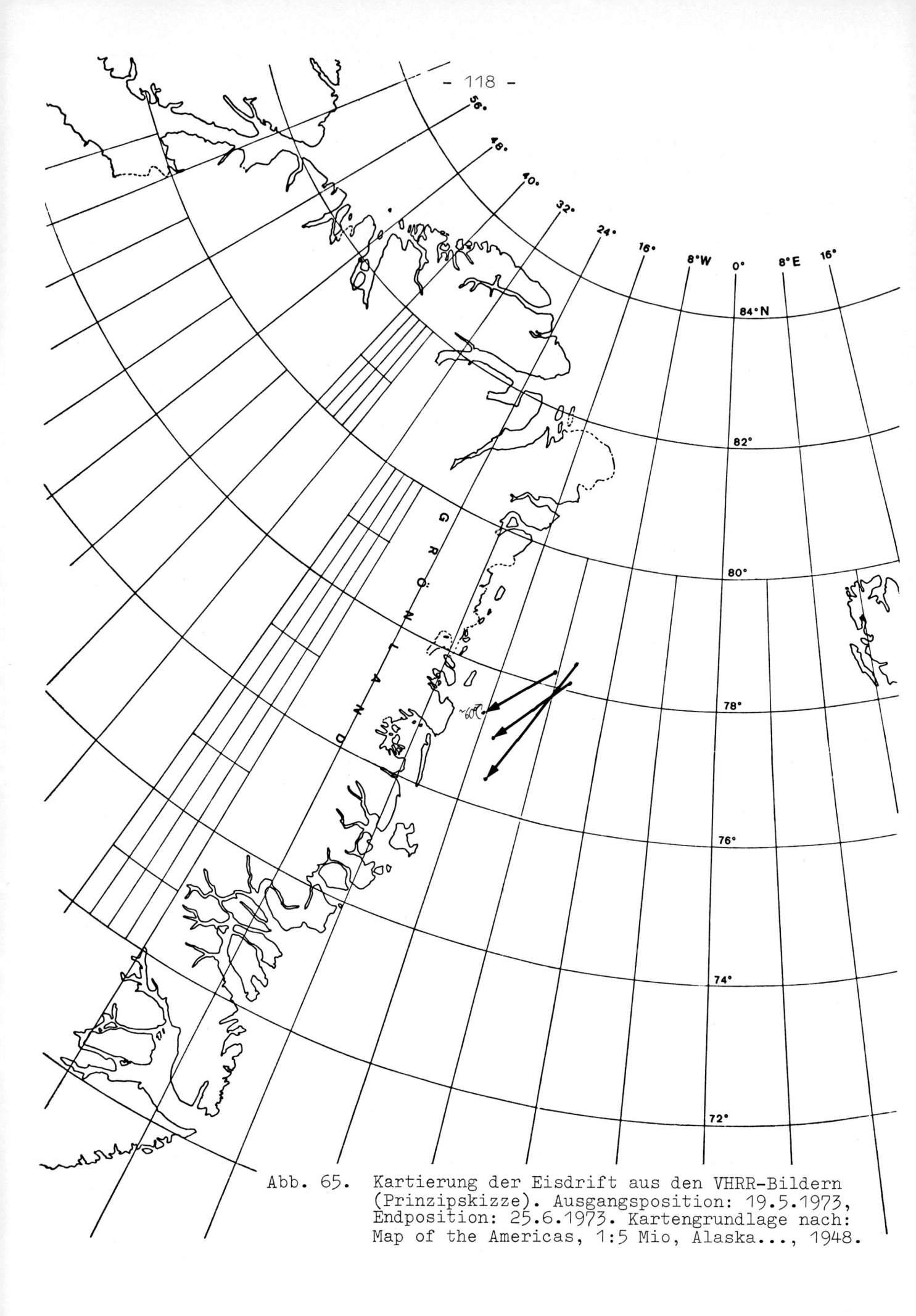

Abb. 65. Kartierung der Eisdrift aus den VHRR-Bildern (Prinzipskizze). Ausgangsposition: 19.5.1973, Endposition: 25.6.1973. Kartengrundlage nach: Map of the Americas, 1:5 Mio, Alaska..., 1948.

und Geländebegehung, wie sie STRÜBING (1973) für ERTS-Bilder fordert, sind für genauere Auswertung der VHRR-Aufnahmen gleichfalls unerläßlich.

ZUSAMMENFASSUNG

(Es sei auch auf die Zusammenfassungen zu Beginn der einzelnen Kapitel verwiesen)

Die Möglichkeiten der Erkennung und Erfassung von Meereis mit Hilfe von VHRR-Bildern des Satelliten NOAA-2 sollten in einer systematischen Untersuchung abgegrenzt werden. Regional beschränkt sich die Arbeit auf das Gebiet der Ostgrönlandsee, zeitlich auf das Jahr 1973, methodisch auf die klassische Photointerpretation und einfache photographische Verfahren.

Als theoretisches Gerüst zur Analyse von Material und Methoden im Hinblick auf die Anwendbarkeit in der Meereisforschung und -überwachung wurde der Komplex Satellitenbild-Information-Interpretation aus neuer Perspektive dargestellt. Demnach war die quantitative Kartiergenauigkeit bezüglich der Geometrie, Grautöne und Aufnahmeperiode der Bilder festzustellen, wobei auch Auswirkungen von äußeren naturbedingten Störfaktoren der Bildauswertung berücksichtigt werden sollten.

Es wurde eine in zeitstationäre und zeitvariable Inventur eingeteilte Eisparametertabelle aufgestellt, wobei zwei Parameterordnungsstufen unterschieden wurden.

Die Untersuchung der Bildgeometrie umfaßte die Ableitung und graphische Darstellung von mathematischen Formeln zum Auflösungsvermögen und zur Strecken- und Flächenmessung. Es gelang die Konstruktion eines geographischen Koordinatennetzes für die vorliegenden VHRR-Bilder, mit dem Lagebestimmungen von Bildpunkten mit einem Meßfehler unter 10 km möglich sind. Durch Vergleich mit ERTS-Bildern konnte die Detailerkennbarkeitsschwelle bezüglich Eisschollen bei 3 - 5 km, bezüglich offener Wasserflächen bei 1,5 - 2 km und bezüglich linearer Strukturen bei 0,5 - 1 km festgelegt werden. In einer Skalenklassifikation wurden die Eisparameter gemäß ihrer Größenordnung zusammengestellt und in Beziehung zu ihrer Erkennbarkeit in Luft- und Satellitenbildern gesetzt.

Die Grautöne der VHRR-Aufnahmen sowohl im sichtbaren wie im infraroten Bereich können bislang nur qualitativ ausgewertet werden. Zusammenhänge zwischen der geometrischen Auflösung und den Grauwerten wurden eingehender beschrieben.

Die Abhängigkeit der Meereis-Albedo von Jahreszeit, Schnee, Eiskonzentration, Schmelzwasser und Eisdicke wurde diskutiert und die Grautonwiedergabe der Bildobjekte in den Aufnahmen im sichtbaren Bereich im Jahresablauf untersucht.

Die IR-Bilder eignen sich besser zur Eisüberwachung in den kälteren Jahreszeiten als im Sommer.

Die Eisparameter wurden in eine Zeit-Skalenklassifikation eingeordnet, die den Vorteil der täglichen Wettersatelliten- gegenüber den ERTS-Aufnahmen demonstriert. Angesichts der häufigen und ausgedehnten Bewölkung muß als Minimalforderung eine tägliche Bildrepetition verlangt werden.

Es ergab sich, daß gerade die zeitstationären Parameter 2. Ordnung mit VHRR-Bildern erfaßbar sind.

Abschließend wurden einige Möglichkeiten zur Trennung der Bildobjekte und als Auswertungsbeispiele die Eiskartierung und Driftanalyse aufgezeigt.

In Anbetracht des bisher zugänglichen Daten-, Karten- und Bildmaterials über das ostgrönländische Meereis schließen die VHRR-Aufnahmen im sichtbaren und infraroten Bereich eine echte "Datenlücke". Zusätzliche "ground checks" durch möglichst zeitgleiche Aufnahmen von Flugzeugen bzw. anderen Satelliten aus oder Geländebegehungen sind für eingehendere Analyse erforderlich.

VERZEICHNIS DER ABKÜRZUNGEN UND GLOSSAR

AIDJEX	Arctic Ice Dynamics Joint Experiment
Apogäum	Punkt der größten Erdferne eines Satelliten
APT	Automatic Picture Transmission
ARA	Allied Research Associates
AV	Auflösungs-Vermögen
CCRS	Canada Centre for Remote Sensing
CDA	Command and Data Acquisition
C.E.M.S.	Centre d'Études Météorologiques Spatiales
DHI	Deutsches Hydrographisches Institut
DWD	Deutscher Wetterdienst
EM-Spektrum	Elektromagnetisches Spektrum
EROS	Earth Resources Observation Systems
ERTS	Earth Resources Technology Satellite
ESRO	European Space Research Organisation
ESMR	Electrically Scanning Microwave Radiometer
ESSA	Environmental Survey Satellite
ft.	feet, 1 ft.= 0,3048 m
FU Berlin	Freie Universität, Berlin
GMT	Greenwich Mean Time
GSFC	Goddard Space Flight Center
Hz	Hertz. $1 \text{ Hz} = 1 \text{ sec}^{-1}$
IFOV	Instantaneous Field of View
Inklination	Bahnneigung gegen die Äquatorebene der Erde
IR	Infrarot
ITOS	Improved TIROS Operational Satellite
MSFC	Marshall Space Flight Center
MSS	Multi Spectral Scanner
mr	1 mr = 1 Milli-Radian = 1/1000 Radian (Bogenmaß)
MW	Mikrowellen
$\mu, \mu m$	$1 \mu = 10^{-4}$ cm
NASA	National Aeronautics and Space Administration
NEΔT	Noise Equivalent Differential Temperature
NESC	National Environmental Satellite Center
NESS	National Environmental Satellite Service
Nimbus	Satellitenserie der NASA
nm	nautische Meile, 1 nm = 1,853 km
NOAA	National Oceanic and Atmospheric Administration
Overlay	transparentes Deckblatt

Perigäum	Punkt der größten Erdnähe eines Satelliten
RCA	Radio Corporation of America
real time	Datenauswertung beginnt noch während der Messung oder unmittelbar danach
Rev.	Revolution
SR	Scanning Radiometer
UNESCO	United Nations Educational, Scientific and Cultural Organisation
U.S.G.S.	United States Geological Survey
VHRR	Very High Resolution Radiometer
WMO	World Meteorological Organisation
ZGF	Zentralstelle für Geophotogrammetrie und Fernerkundung

VERZEICHNIS MATHEMATISCHER SYMBOLE UND BEGRIFFE

$(\lambda_i, \varphi_i, s_i) \longmapsto (x_i, y_i, g_i)$	$(\lambda_i, ..)$ wird abgebildet auf $(x_i, ..)$;
bijektive Abb. $\alpha: G \to B$	eineindeutige Abbildung α von G auf B;
identische Abb.	bildet jeden Punkt auf sich selbst ab;
$[p, q]$	abgeschlossenes Intervall von p bis q;
Matrix	rechteckiges Anordnungsschema;
$\{x \: / \: E(x)\}$	Menge aller x mit der Eigenschaft E;
$\mathbb{N}$	Menge der natürlichen Zahlen;
$(\lambda_i, \varphi_i, s_i) \in \mathbb{R}^3$	$(\lambda_i, ..)$ ist Punkt im $\mathbb{R}^3$;
$\mathbb{R}$	Menge der reellen Zahlen;
$\mathbb{R}^3$	3-dimensionaler reeller Raum;
$\overline{AB}$	Strecke von A nach B;
$\sum_{i=0}^{k} a_i = a_0 + a_1 + ... + a_k$	Summe der a_i, $i = 0, ..., k$;
$T \subset A$	T ist Teilmenge von A;
$T \cup A$	Vereinigung der Mengen T und A.

LITERATURVERZEICHNIS

AAGARD, K. (1972): On the Drift of the Greenland Pack Ice. In: Sea Ice - Proceedings of an International Conference, Reykjavik, May 10-13, 1971. Reykjavik, 1972, S. 17-21.

AAGARD, K.; COACHMAN, L.K. (1968): The East Greenland Current North of Denmark Strait: Part I. In: Arctic, Vol. 21, No. 3, S. 181-200.

ABEL, K.; SIEBECKER, H. (1971): Aktive und passive Infrarotgeräte für Zielerkennung und Aufklärung. Manuskript zum Vortrag im Lehrgang 1.10 'Infrarottechnik' der Carl-Cranz Gesellschaft e.V., Dez. 1971, o.O.

ABER, P.G.; VOWINCKEL, E. (1972): Evaluation of North Water Spring Ice Cover From Satellite Photographs. In: Arctic, Vol. 25, No. 4, S. 263-271.

ALBERT, E.G. (1968): The Improved TIROS Operational Satellite. ESSA/NESS NESCTM 7, Washington D.C.

ALBERT, E.G. (1969): Characteristics of Direct Scanning Radiometer Data. Supplement I to ESSA/NESS NESCTM 7, Washington D.C.

ALBERTZ, J. (1970): Sehen und Wahrnehmen bei der Luftbildinterpretation. In: Bildmessung und Luftbildwesen, Jg. 38, H. 1, S. 25-34.

ARMSTRONG, T. (1964): Ice Atlases. In: Polar Record, Vol. 12, No. 77, S. 161-163.

ARMSTRONG, T.; ROBERTS, B.; SWITHINBANK. C. (1973): Illustrated Glossary of Snow and Ice. Scott Polar Research Institute Special Publication No.4, 2nd. Ed., Cambridge.

BARNES, J.C. (1972): Application of Satellite Infrared Measurements to Mapping Sea Ice. In: 4th Annual Earth Resources Program Review, Vol. IV: NOAA Programs and U.S. Naval Research Laboratory Programs, Houston Texas, S.88-1 - 88-6.

BARNES, J.C.; BOWLEY, C.J. (1974): The Application of ERTS Imagery to Monitoring Arctic Sea Ice. Environmental Research and Technology, Lexington Massachusetts.

BARNES, J.C.; BOWLEY, C.J.; CHANG, D.T.; WILLAND, J.H. (1973): Application of Satellite Visible & Infrared Data to Mapping Sea Ice. In: Interdisciplinary Symposium on Advanced Concepts and Techniques in the Study of Snow and Ice Resources, Dec. 1973, Monterey California, S.5.3-1 - 10.

BARNES, J.C.; CHANG, D.T.; WILLAND, J.H. (1969): Use of Satellite High Resolution Infrared Imagery to Map Arctic Sea Ice. Final Report prep. for NASA/NAVOCEANO Spacecraft Oceanography Project, ARA, Concord Massachusetts.

BARNES, J.C.; CHANG, D.T.; WILLAND, J.H. (1970): Improved Techniques for Mapping Sea Ice from Satellite Infrared Data. Final Report prep. for Department of Commerce/National Oceanic and Atmospheric Administration/National Environmental Satellite Service, ARA, Concord Massachusetts.

BARNES, J.C.; CHANG, D.T.; WILLAND, J.H. (1972a): Application of ITOS and Nimbus Infrared Measurements to Mapping Sea Ice. Final Report prep. for Department of Commerce/National Oceanic and Atmospheric Administration/National Environmental Satellite Service, ARA, Baltimore Maryland.

BARNES, J.C.; CHANG, D.T.; WILLAND, J.H. (1972b): Image Enhancement Techniques for Improving Sea-Ice Depiction in Satellite Infrared Data. In: Journal of Geophysical Research, Vol. 77, No. 3, S. 453-462.

BARRETT, E.C. (1974): Climatology from Satellites. London.

BARTELS, J. (Hrsg.) (1960): Geophysik. Das Fischer Lexikon, Nr. 20, Frankfurt.

BAYLIS, P. (1974): Briefl. Mitteilungen vom 18.2., 20.3., 11.4.1974. University of Dundee, Department of Electrical Engineering and Electronics.

BLÜTHGEN, J. (1973): Die Eisarten der Ostsee in ihrer geographischen Bedingheit. In: Polarforschung, Jg. 43, Nr. 1/2, S. 32-39.

BODECHTEL, J. (1971): Thermal-Infrared-Scanner for Hydrogeological and Geological survey in the Northern Alps. In: Proceedings of the 7th International Symposium on Remote Sensing of Environment, Vol. I, University of Michigan, Ann Arbor, S. 365-371.

BODECHTEL, J.; DITTEL, R.H.; HAYDN, R. (1974): Evaluation of ERTS-1 Data by Analogue and Digital Techniques. In: European Earth-Resources Satellites - Proceedings of a Symposium held at Frascati, Italy, 28.1.-1.2.1974. ESRO-SP 100, Neuilly-sur-Seine, S.21-35.

BODECHTEL, J.; GIERLOFF-EMDEN, H.G. (1974): Weltraumbilder. Die dritte Entdeckung der Erde, München.

BREISTEIN, P.M. (1974): Briefl. Mitteilung vom 25.1.1974. Det Norske Meteorologiske Institutt, Oslo.

BRENNECKE, W. (1904): Beziehungen zwischen der Luftdruckverteilung und den Eisverhältnissen des Ostgrönländischen Meeres. In: Annalen der Hydrographie und Maritimen Meteorologie, Jg. XXXII, H. II, S. 49-62.

BROSIN, H.J.; NEUMEISTER, H. (1972): Untersuchungen über die Eisverhältnisse in der Ostsee im Winter 1968/69 anhand von Satellitenfotos. In: Beiträge zur Meereskunde, H. 29, S. 5-17.

BROWN, S.C. (1970): Simulating the consequence of cloud cover on Earth-viewing space missions. In: Bulletin of the American Meteorological Society, Vol. 51, No. 2, S. 126-131.

BRUNS, E. (1962): Ozeanologie, Bd. II: Ozeanometrie I. Berlin.

BÜDEL, J. (1950): Atlas der Eisverhältnisse des Nordatlantischen Ozeans und Übersichtskarten der Eisverhältnisse des Nord- und Südpolargebietes.Deutsches Hydrographisches Institut, Hamburg.

CAMPBELL, W.J. (1970): The Remote Sensing Needs of Arctic Geophysics. In: 3rd Annual Earth Resources Program Review, Vol. III, NASA, Houston, S. 60-1 - 60-15.

CAMPBELL, W.J. (1971): The Remote Sensing Needs of Arctic Geophysics. In: Proceedings of the 7th International Symposium on Remote Sensing of Environment, Vol. II, University of Michigan, Ann Arbor, S. 937-940.

CAMPBELL, W.J. (o.J., ca. 1971): Manuskript zum Vortrag auf der "Sea Ice Session", o.O.

CAMPBELL, W.J.; MARTIN, S. (1973): Oil and Ice in the Arctic Ocean: Possible Large-Scale Interactions. In: Science, Vol. 181, No. 4094, S. 56-58.

CARLON, H.R. (1970): Infrared Emission by Fine Water Aerosols and Fogs. In: Applied Optics, Vol. 9, No. 9, S. 2000-2006.

CARTER, L.D.; STONE, R.O. (1974): Interpretation of Orbital Photographs. In: Photogrammetric Engineering, Vol. 40, No. 2, S. 193-197.

CCRS (1974): ERTS Imagery Catalogue. Department of Energy, Mines and Resources, Canada Centre for Remote Sensing, Ottawa.

COLVOCORESSES, A.P. (1972a): Image Resolutions for ERTS, SKYLAB and GEMINI/APOLLO. In: Photogrammetric Engineering, Vol. 38, No. 1, S. 33-35.

COLVOCORESSES, A.P. (1972b): Cartographic Promises of ERTS-1. EROS Reprint No. 161, Vortrag auf ACSM-ASP Fall Technical Convention, Columbus, Ohio, October 1972.

COLVOCORESSES, A.P.; McEWEN, R.B. (1973): EROS Cartographic Progress. In: Photogrammetric Engineering, Vol. 39, No. 12, S. 1303-1309.

COLWELL, R.N. (1963): Basic Matter and Energy Relationships Involved in Remote Reconnaissance. In: Photogrammetric Engineering, Vol. 29, No. 5, S. 761-799.

COX, G.F.N.; WEEKS, W.F. (1973): Salinity Variations in Sea Ice. In: AIDJEX Bulletin, No. 19, Seattle, S. 1-17.

DANISH METEOROLOGICAL INSTITUTE, Nautical Department (1974): Danish Ice Reconnaissance, Ice Central Greenland, 1973. Patrouillen-Eiskarten auf Mikrofilm.

DAVIN, D.E.; BROWN, S.C. (1973): Cloud Cover Impact on Skylab Earth Resources Experiment Package (EREP). In: Proceedings of the American Congress on Surveying and Mapping, Walt Disney World, Lake Buena Vista, Florida, Oct. 2-5, 1973, S. 319-346.

DERENYI, E.E.; KONECNY, G. (1966): Infrared Scan Geometry. In: Photogrammetric Engineering, Vol. XXXII, No.5, S. 773-778.

DHI (1971): Für Brücke und Kartenhaus. Hamburg.

DOYLE, F.J. (1972): Interpretation of Spatial Relationships. In: International Workshop on Earth Resources Survey Systems, NASA SP-283, Vol. I, Washington D.C., 1972. S. 343-355.

DUNBAR, M. (1960): Ice Navigation and the Role of Photo Interpretation in the Canadian Arctic Archipelago. In: THORÉN, R. (Hrsg.): Photographic Interpretation of Ice. Office of Naval Research Report ACR-53, Washington D.C., S.27-29.

ECKARDT, M.; HAUPT, I. (1972): NOAA-2 – Ein neuer amerikanischer Wettersatellit. Beilage zur Berliner Wetterkarte, 148/72; SO 44/72, 23.11.1972.

EINARSSON, T. (1972): Sea Currents, Ice Drift, and Ice Composition in the East Greenland Current. In: Sea Ice - Proceedings of an International Conference, Reykjavik, May 10-13, 1971. Reykjavik, 1972, S. 23-32.

ERNST, B. (1973): VHRR-Bild-Empfangsanlage RW 072 für die neue Wettersatellitengeneration. In: Neues von Rohde & Schwarz, Jg. 13, Ausg. 60, S. 24-27.

ESRO (ab 1972): Earth Resources Survey Study Reports (Remote Sensing). Neuilly-sur-Seine.

ESSA (1968): Man's Geophysical Environment: Its Study from Space. Washington D.C.

ESSA (1969): ESSA Direct Transmission Users Guide. ESSA/NESC, Washington D.C.

FABRICIUS, J.S. (1961): Danish Ice Reconnaissance in Greenland. In: Folia Geographica Danica, Tom. IX, Physical Geography of Greenland. XIX International Geographical Congress, Norden 1960. Kopenhagen, 1961. S. 57-61.

FABRICIUS, J.S. (1965): Danish Ice-Observations in Greenland. In: Geografisk Tidsskrift, Bd. 64, H. 2, S. 206-219.

FITZGERALD, E. (1974): Multispectral Scanning Systems and their Potential Application to Earth-Resources Surveys. Spectral Properties of Materials. ESRO CR-232, Neuilly-sur-Seine.

FROMMEYER, M. (1928): Die Eisverhältnisse um Spitzbergen und ihre Beziehungen zu klimatischen Faktoren. In: Annalen der Hydrographie und Maritimen Meteorologie, Jg.LVI, H.VII, S.209-214.

GEOGRAPHISCHES TASCHENBUCH (1950); MEYNEN, E. (Hrsg.): Flächeninhalt der Eingrad- und Halbgradfelder für die europäischen Breiten. Stuttgart, S. 239.

GERLACH, W. (Hrsg.) (1962): Physik. Das Fischer Lexikon, No. 19, Frankfurt.

GERTHSEN, C. (1963): Physik. 7. Aufl., Berlin.

GIERLOFF-EMDEN, H.G.; (1974): Anwendung von Multispektralaufnahmen des ERTS-Satelliten zur kleinmaßstäbigen Kartierung der Stockwerke amphibischer Küstenräume am Beispiel der Küste von El Salvador. In: Kartographische Nachrichten, Jg. 24, Nr. 2, S. 54-76.

GIERLOFF-EMDEN, H.G.; RUST, U. (1971): Verwertbarkeit von Satellitenbildern für geomorphologische Kartierungen in Trockenräumen. Münchener Geographische Abhandlungen, Bd. 5, München.

GIERLOFF-EMDEN, H.G.; SCHROEDER-LANZ, H. (1970/71): Luftbildauswertung. 3 Bde., Mannheim.

GLEN, J.W. (1974): The Physics of Ice. Cold Regions Research and Engineering Laboratory Monograph II-C2a, Hanover.

GOLDSHLAK, L. (1968): Nimbus III Real Time Transmission Systems (DRID and DRIR). Technical Report No. 5 for Nimbus Project, NASA, GSFC; ARA, Concord Massachusetts.

GREAVES, J.R.; SPIEGLER, D.B.; WILLAND, J.H. (1971): Development of a Global Cloud Model for Simulating Earth-Viewing Space Missions. NASA, MSFC, CR-61345, Huntsville Alabama.

GUMTAU, M. (1974): Das Ringbecken Korolev in der Bildanalyse. Münchener Geographische Abhandlungen, Bd. 16, München.

HAEFNER, H. (1966): Neue Verfahren der Lufterkundung und ihre Anwendungsmöglichkeiten. In: Erdkunde, Bd. 20, Nr. 2, S. 130-141.

HANSON, K.J. (1961): The Albedo of Sea-Ice and Ice Islands in the Arctic Ocean Basin. In: Arctic, Vol. 14, No. 3, S. 188-196.

HAUPT, I. (1970): Die Interpretation von Satellitenaufnahmen. Das Bild der Erdoberfläche. Teil I. Meteorologische Abhandlungen, Bd. 73, H. 1, Berlin.

HAUPT, I. (1972): Fernerkundung der Erdoberfläche durch Satelliten. Beilage zur Berliner Wetterkarte, 122/72; SO 37/72, 13.9.1972.

HEAP, J.A. (1972): International Co-operation in Sea Ice Observing, Recording and Reporting. In: KARLSSON, T. (Hrsg.), Sea Ice - Proceedings of an International Conference, Reykjavik, May 10-13, 1971. Reykjavik, 1972, S. 80-83.

HELBIG, H.S. (1972): Investigation of Color Detail, Color Analysis and False-Color Representation in Satellite Photographs. In: Remote Sensing of Earth Resources, Vol. 1, SHAHROKHI, F. (Hrsg.); Tullahoma Tennessee, S. 274-291.

HIBLER, W.D.; WEEKS, W.F.; ACKLEY, S.; KOVACS, A.; CAMPBELL, W.J. (o.J.): Mesoscale Strain Measurements on the Beaufort Sea Pack Ice (AIDJEX 1971). Cold Regions Research and Engineering Laboratory, Hanover.

HIBLER, W.D.; WEEKS, W.F.; MOCK, S.J. (1972): Statistical Aspects of Sea-Ice Ridge Distributions. In: Journal of Geophysical Research, Vol. 77, No. 30, S. 5954- 5970.

HOLTER, M.A. et al. (1962): Fundamentals of Infrared Technology. New York.

HORVATH, R.; BROWN, W.L.(1971): Multispectral Radiative Characteristics of Arctic Sea Ice and Tundra. Michigan University, Willow Run Laboratories, Ann Arbor.

INFORMATION CANADA (1971): Resource Satellites and Remote Airborne Sensing for Canada. Report No. 7: Ice Reconnaissance and Glaciology. Ottawa.

INTERNATIONAL HYDROGRAPHIC BUREAU (1951): Hydrographic Dictionary. Special Publication No. 32, 2nd.Ed., Monaco.

JAYACHANDRAN, K. (1974): Briefl. Mitteilung vom 25.1.1974. Meteorological Office, Bracknell.

KAMINSKI, H. (1970): Eis und Schnee in Satellitenphotos. In: Umschau, Jg. 70, Nr. 6, S. 163-169.

KAMINSKI, H. (1971): Bestimmung von kurz- und langzeitlichen Eis-, Meereis- und Schneebewegungen in der Arktis aus Satelliten-Luftbildern. In: Polarforschung, Bd. VII, Jg. 41, Nr. 1/2, S. 89-111.

KAMINSKI, H. (1974): Schriftlicher Hinweis auf veränderte Zeilenzahl, 14.3.1974. Sternwarte Bochum.

KAMINSKI, H.; MARTIN, A.-M. (1974): Environmental Satellites and ERTS-1 Imagery. In: European Earth-Resources Satellite Experiments - Proceedings of a Symposium held at Frascati, Italy, 28.1.-1.2.1974. ESRO-SP 100, Neuilly-sur-Seine, S. 1- 19.

KATERGIANNAKIS, U. (1971): Die maximale Eisausdehnung im Ostseeraum anhand von Satellitenaufnahmen (Winter 1965/66 bis Winter 1970/71). Beilage zur Berliner Wetterkarte, 131/71, SO 41/71, 26.8.1971.

KOCH, L. (1945): The East Greenland Ice. Meddelelser øm Grønland, Bd. 130, Nr. 3,

KOFFLER, R. (1974): Briefl. Mitteilung vom 29.4.1974. VHRR Project Coordinator, NOAA, Washington D.C.

KONDRAT'EV, K.Ya.; BORISENKOV, E.P; MOROZKIN, A.A. (1966): Interpretation of Observation Data from Meteorological Satellites. Israel Program for Scientific Translations, Jerusalem, 1970.

KONECNY, G. (1971): Orientierungsfragen bei Streifenbildern und Aufnahmen der Infrarotabtastung. In: Bildmessung und Luftbildwesen, Jg. 39, H. 1, S. 60.

KONECNY, G. (1972): Geometrische Probleme der Fernerkundung. In: Bildmessung und Luftbildwesen, Jg. 40, H. 4, S. 162-172.

KOSLOWSKI, G. (1969): Die WMO-Eisnomenklatur. In: Deutsche Hydrographische Zeitschrift, Jg. 22, H. 6, S. 256-267.

KOSLOWSKI, G. (1971): Einige Bemerkungen zum Beitrag von U. Katergiannakis "Die maximale.......". Beilage zur Berliner Wetterkarte, 155/71, SO 51/71, 19.10.1971.

KOVACS, A. (1970): On the Structure of Pressured Sea Ice. Cold Regions Research and Engineering Laboratory, Hanover.

KRUG, W.; WEIDE, H.-G. (1972): Wissenschaftliche Photographie in der Anwendung. Leipzig.

LANGLEBEN, M.P. (1969): Albedo and Degree of Puddling of a Melting Cover of Sea Ice. In: Journal of Glaciology, Vol. 8, No. 54, S. 407-412.

LEESE, J.A.; BOOTH, A.L.; GODSHALL, F.A. (1970): Archiving and Climatological Applications of Meteorological Satellite Data. ESSA-TR-NESC-53, Washington D.C.

LEESE, J.; PICHEL, W.; GODDARD, B.; BROWER, R. (1971): Factors affecting the Accuracy of Sea Surface Temperature Measurement from ITOS-SR Data. In: Propagation Limitations in Remote Sensing, AGARD Conference Proceedings No. 90, S. 25-1 - 25-13.

de LOOR, G.P. (1970): The Electromagnetic Spektrum from an Equipment Point of View. In: Geoforum 2, S. 9-18.

LORENZ, D. (1968): Temperature Measurements of Natural Surfaces Using Infrared Radiometers. In: Applied Optics, Vol. 7, No. 9, S. 1705-1710.

LORENZ, D. (1971a): Zur Problematik der Fernerkundung der Erdoberfläche mit Hilfe der thermischen Infrarotstrahlung. In: Bildmessung und Luftbildwesen, Jg. 39, H. 6, S. 235-242.

LORENZ, D. (1971b): Zur Methodik der radiometrischen Messung der Wasseroberflächentemperatur. In: Meteorologische Rundschau, Jg. 24, H. 5, S. 148-156.

LORENZ, D. (1974): Bericht über die Tagung des AK Photointerpretation am 21.6.1974 in Bonn-Bad Godesberg. In: Bildmessung und Luftbildwesen, Jg. 42, H. 5, S. 177-178.

MAHNCKE, K.-J. (1973): Methodische Untersuchungen zur Kartierung von Brandrodungsflächen im Regenwaldgebiet von Liberia mit Hilfe von Luftbildern. Münchener Geographische Abhandlungen, Bd. 8, München.

MARTIN, A.-M. (1973): Continuous Recording of Phenological Changes in Central Europe on Satellite Imagery. Manuskript zum Vortrag auf International Union of Forestry Researchers Organisation, Commission 6 Remote Sensing including Aerial Photography, Freiburg i. Br., Sept. 1973.

MASRY, S. E.; GIBBONS, J.G. (1973): Distortion & Rectification of IR. In: Photogrammetric Engineering, Vol. XXXIX, No. 8, S. 845-849.

McCLAIN, E.P. (1973a): Detection of Ice Conditions in the Queen Elizabeth Islands. In: Earth Resources Technology Satellite-1 Symposium Proceedings. Goddard Space Flight Center, September 29, 1972. GSFC, Greenbelt Maryland, 1973, S. 127-128.

McCLAIN, E.P. (1973b): Quantitative Use of Satellite Vidicon Data for Delimiting Sea Ice Conditions. In: Arctic, Vol. 26, No. 1, S. 44-57.

McCLAIN, E.P. (1974): Briefl. Mitteilung vom 7.2.1974. NOAA/NESS, Washington D.C.

McCLAIN, E.P.; BAKER, D.R. (1969): Experimental Large-Scale Snow and Ice Mapping with Composite Minimum Brightness Charts. ESSA Technical Memorandum NESCTM 12, Washington D.C.

McCLAIN, E.P.; BALILES, M.D. (1971): Sea Ice Surveillance from Earth Satellites. In: Mariners Weather Log, Vol. 15, No. 1, S. 1-4.

MECKING, L. (1909): Das Eis des Meeres. In: Meereskunde, Jg. 3, H. 11, S. 1-35.

MEIENBERG, P. (1966): Die Landnutzungskartierung nach Pan-, Infrarot und Farbluftbildern. Münchener Studien zur Sozial- und Wirtschaftsgeographie, H. 1, München.

MEINARDUS, W. (1906): Periodische Schwankungen der Eistrift bei Island. In: Annalen der Hydrographie und Maritimen Meteorologie, S. 148-162, 227-239, 278-285, Jg. 34.

MEINARDUS, W. (1951): Die räumliche u. zeitliche Verteilung der Beleuchtung in den Polargebieten unter Berücksichtigung der Dämmerung und Refraktion. In: Geographisches Taschenbuch 1951/52, Stuttgart, Tafel XV (nach S. 440).

MELLOR, M. (1964): Snow and Ice on the Earth's Surface. Cold Regions Science and Engineering, Part II, Section C; Cold Regions Research and Engineering Laboratory II-C1, Hanover.

MEYER, A. (1964): Zusammenhang zwischen Eisdrift, atmosphärischerZirkulation und Fischerei im Bereich der Fangplätze vor der südostgrönländischen Küste während der ersten Jahreshälfte. In: Archiv Fischereiwiss., Bd. 15, H. 1, S. 1-16.

MILLER, D.B.; FEDDES, R.G. (1971): Global Atlas of Relative Cloud Cover 1967-70 based on data from meteorological satellites. U.S. Department of Commerce and U.S. Air Force, Washington D.C.

MIOSGA, G. (1969): Infrarot-Strahlungsempfänger. Vortrag im Lehrgang 'Einführung in die Infrarottechnik, Teil I' der Carl-Cranz-Gesellschaft e.V., Oktober 1969, o.O.

MIOSGA, G. (1974): Infrarotaufklärung. Vortrag im Lehrgang "Luftaufklärung" der Carl-Cranz-Ges., Oberpfaffenhofen, Mai 1974.

MOHR, T. (1973): Briefl. Mitteilung vom 18.12.1973. DWD Zentralamt, Offenbach.

MUTTER, E. (1966): Kompendium der Photographie. Band I, Die Grundlagen der Photographie. 2. Aufl., Berlin.

NASA, GSFC (1970a): ITOS Night-Day Meteorological Satellite. U.S. Government Printing Office, Washington D.C.

NASA, (1970b): NIMBUS IV Real Time Transmission System (DRID and DRIR). Technical Report No. 12 for the Nimbus Project, NASA, GSFC, ARA, Concord Massachusetts.

NASA, GSFC (1971): Earth Resources Technology Satellite: Data Users Handbook. Prepared for NASA, Goddard Space Flight Center by General Electric, Space Division, Philadelphia Pennsylvania.

NASA, GSFC (1972): The Nimbus 5 User's Guide. Greenbelt Maryland.

NASA, MSFC (1974): World-Wide Cloud Cover Statistics. Computerausdruck von Verf. erhalten 1974.

NAZINTSEV, Yu. L. (1972): Snow Accumulation on Kara Sea Ice. In: Trudy AANII, Vol 303; engl. Übersetzung AIDJEX Bulletin, No. 17, S. 77-83.

NELSON, H.P.; NEEDHAM, S.; ROBERTS, T.D. (1970): Sea Ice Reconnaissance by Satellite Imagery. Final Report to the National Aeronautics and Space Administration. Institute of Arctic Environmental Engineering of the University of Alaska, College.

NIELSEN, G.S. (1974): Briefl. Mitteilung vom 29.4.1974. Det Danske Meteorologiske Institut, Nautisk Afdeling, Charlottenlund.

NOAA (o.J., ca. 1974): Tafeln zur Korrelation zwischen Signal-Spannungswerten und radiometrischen Temperaturen.

NOAA/NESS (1973): APT Information Note 73-2. Washington D.C.

NUSSER, F. (1958): Formen des Meereises und ihre Definitionen. In: Geographisches Taschenbuch 1958/59, Wiesbaden, S. 503-508.

NUSSER, F. (1960): Neue Forschungsergebnisse über das Nordpolarmeer. In: Naturwissenschaftliche Rundschau, H.7, S. 260-264.

OLBRÜCK, G. (1972): Vorhersage des Eisvorkommens vor Nordisland. In: Der Seewart, Bd. 33, H. 2, S. 59-63.

OSTHEIDER, M. (1972): Das Gesamtsystem von Datenaufnahme und -verarbeitung im Luftbildwesen. Zulassungsarbeit zum Staatsexamen, München. Unveröffentlicht.

PARMERTER, R.R.; COON, M.D. (1973): Mechanical Models of Ridging in the Arctic Sea Ice Cover. In: AIDJEX Bulletin, No. 19, Seattle. S. 59-112.

POPHAM, R.W.; SAMUELSON, R.E. (1965): Polar Exploration with Nimbus Meteorological Satellite. In: Arctic, Vol. 18, No. 4, S. 246-255.

POTOCSKY, G.J. (1972): Report of the Arctic Ice Observing and Forecasting Program-1970. Naval Oceanographic Office, Washington D.C.

POULIN, A.O. (1974): Diskussionsbeitrag auf Symposium on Remote Sensing in Glaciology, Cambridge England, 15.-21.9.1974.

POUNDER, E.R. (1965): The Physics of Ice. 1st ed. Oxford, London.

RCA (1965): User Guide for HRIR Modifications to the APTS Ground Stations. Radio Corporation of America AED-M 2059, Princeton New Jersey.

REGULA, H. (1969): Satellitenaufnahmen vom Nordpolargebiet. In: Polarforschung, Jg. 39, Bd. 6, Nr. 1, S. 246-250.

RIEHL, N; BULLEMER, B.; ENGELHARDT, H. (1969): Physics of Ice. In: Proceedings of the International Symposium on Physics of Ice, München, 9.-14. September 1968. New York. S.585-593.

RODEWALD, M. (1972): Zum Eisvorkommen vor Nordisland. In: Der Seewart, Bd. 33, No. 6, S. 257-259.

ROSENBERG, P. (1971): Resolution, Detectability and Recognizability. In: Photogrammetric Engineering, Vol. 37, No. 12, S. 1255-1258.

de RYCKE, R.J. (1973): Sea Ice Motions off Antarctica in the Vicinity of the Eastern Ross Sea as Observed by Satellite. In: Journal of Geophysical Research, Vol. 78, No. 36, S. 8873-8879.

SATER, J.E. (Hrsg.) (1969): The Arctic Basin. The Arctic Institute of North America, Rev. Ed., Washington D.C. Hierin: SATER, J.E.: The Distribution and Behavior of Sea Ice, S. 26-41 und The Physics of Sea Ice, S. 42-50.

SCHELL, I.I. (1961): The Ice off Iceland and the Climates during the last 1200 years, approximately. In: Geografiska Annaler, Jg. 43, No. 3/4, S. 354-362.

SCHMIDT-FALKENBERG, H. (1970): Interne und integrale Photointerpretation. In: Bildmessung und Luftbildwesen, Jg. 38, H. 5, S. 313-318.

SCHMIDT-KRAEPELIN, E. (1958): Methodische Fortschritte der wissenschaftlichen Luftbildinterpretation, 1. In: Erdkunde, Bd. XII, H. 2, S. 81-107.

SCHMIDT-KRAEPELIN, E. (1968): Die Deutung des Luftbildes. In: FINSTERWALDER/HOFMANN: Photogrammetrie, 3. Aufl. Berlin, S. 387-438.

SCHNAPF, A. (1970): ITOS-1 (TIROS-M). Design and Orbital Performance (2nd Generation Operational Meteorological Satellite). Vortrag: 21st Congress of the International Astronautical Federation, Konstanz, 4.-10. Oktober 1970. Manuskriptdruck: RCA, Princeton New Jersey.

SCHNEIDER, S. (1966): Moderne Methoden und Geräte der Geländeerkundung aus der Luft. In: Die Erde, Jg. 97, Nr. 1, S. 31-40.

SCHNEIDER, S. (1974): Luftbild und Luftbildinterpretation. (Lehrbuch der allgemeinen Geographie, Bd. XI). Berlin.

SCHOTT, G. (1904): Über die Grenzen des Treibeises bei der Neufundlandbank sowie über eine Beziehung zwischen neufundländischem und ostgrönländischem Treibeis. In: Annalen der Hydrographie und Maritimen Meteorologie, Jg. 32, H. 7, 1904, S. 305-309.

SCHWALB, A. (1972): Modified Version of the Improved TIROS Operational Satellite (ITOS D-G). NOAA Technical Memorandum NESS 35, Washington D.C.

SCHWIDEFSKY, K. (1958): Der Informationsgehalt von Luftbildern und die optische Beobachtung aus Raketen und Satelliten. In: Naturwissenschaftliche Rundschau, Jg. 11, H. 4, S. 132-138.

SHERR, P.E.; GLASER, A.H.; BARNES, J.C.; WILLAND, J.H. (1968): World-Wide Cloud Cover Distributions for Use in Computer Simulations. NASA, MSFC, CR-61226, Huntsville.

SIGURDSSON, F. H. (1974): Briefl. Mitteilung vom 15.2.1974. The Icelandic Meteorological Office, Reykjavik.

SIGURDSSON, F.H. (1969): Report on Sea Ice off the Icelandic Coasts , October 1967 to September 1968. In: Jökull, 19, S. 77-93.

SKOV, N.A. (1970): The Ice Cover of the Greenland Sea. Meddelelser øm Grønland, Bd. 188, Nr. 2.

SMITH, R.B. (1965): Manual Gridding of DRIR Facsimile Pictures. Technical Note No. 7 prepared for NASA, GSFC, ARACON Geophysics, Concord Massachusetts.

STRETEN, N.A. (1973): Satellite Observations of the Summer Decay of the Antarctic Sea-Ice. In: Archiv für Meteorologie, Geophysik und Bioklimatologie, Ser. A., Jg. 22, S. 119-134.

STRONG, A.E.; McCLAIN, E.P.; McGINNIS, D.F. (1971): Detection of Thawing Snow and Ice Packs through the Combined Use of Visible and Near-Infrared Measurements from Earth Satellites. In: Monthly Weather Review, Vol. 99, No. 11, S. 828-830.

STRÜBING, K. (1967): Über Zusammenhänge zwischen der Eisführung des Ostgrönlandstroms und der atmosphärischen Zirkulation über dem Nordpolarmeer. In: Deutsche Hydrographische Zeitschrift, Jg. 20, H. 6, S. 257-265.

STRÜBING, K. (1968): Eisdrift im Nordpolarmeer. In: Umschau, in Wissenschaft und Technik, Jg. 68, H. 21, S. 662-663.

STRÜBING, K. (1970): Satellitenbild und Meereiserkundung. In: Deutsche Hydrographische Zeitschrift, Jg. 23, H. 5, S. 193-213.

STRÜBING, K. (1971): Meereiserkundung mit Hilfe von Satellitenbildern. In: Der Seewart, Bd. 32, H. 1, S. 35-43.

STRÜBING, K. (1973): ERTS-1 — Ein amerikanischer Satellit für die Erforschung der Erdoberfläche. In: Deutsche Hydrographische Zeitschrift, Jg. 26, H. 1, S. 17-21.

STRÜBING, K. (1974): Use of ERTS-1 in Sea-Ice Studies. In: European Earth-Resources Satellites. - Proceedings of a Symposium held at Frascati, Italy, 28.1.-1.2.1974. ESRO-SP 100, Neuilly-sur-Seine, S. 173-178.

SWITHINBANK, C. (1970): Satellite Photographs of the Antarctic Peninsula Area. In: The Polar Record, Vol. 15, No. 94, S. 19-24.

SWITHINBANK, C. (1973): Higher Resolution Satellite Pictures. In: The Polar Record, Vol. 16, No. 104, S. 739-741.

THORÉN, R.V.A. (1964): The Application of Aerial Photo Interpretation in the Scientific Field of Ice met at Sea. Invited Paper to Commission VII, International Society of Photogrammetry, World Congress, Lisbon, September 1964. Stockholm, June 1964.

TOOMA, S. (1974): Diskussionsbeitrag auf Symposium on Remote Sensing in Glaciology, Cambridge England, 15.-21.9.1974.

UNESCO (1972): Guide to world inventory of sea, lake and river ice. Technical Papers in Hydrology, No. 9, Paris.

UNTERSTEINER, N. (1963): Ice Budget of the Arctic Ocean. In: Proceedings of the Arctic Basin Symposium, October 1962. Hrsg.: Arctic Institute of North America, Washington D.C., S. 219-226.

UNTERSTEINER, N. (1969): Sea Ice and Heat Budget. In: Arctic, Vol. 22, No. 3, S. 195-199.

UNTERSTEINER, N. (1973): The Arctic Ice Dynamics Joint Experiment: Plans and Preliminary Results. Vortrag auf der 9. Internationalen Polartagung, München, 25.-27.3.1973, der Deutschen Gesellschaft für Polarforschung.

U.S.G.S. (1974): ERTS Data Fact Sheet. EROS Data Center, Sioux Falls South Dakota.

U.S. NAVAL OCEANOGRAPHIC OFFICE (seit 1962): Birds Eye. Schriftenreihe seit 1962, Washington D.C.

U.S. NAVAL OCEANOGRAPHIC OFFICE (1968): Ice Observations. H.O. Pub. No. 606-d, Washington D.C., 1958. Revised Ed.

U.S. NAVAL OCEANOGRAPHIC OFFICE (1973): Seasonal Outlook, Eastern Arctic Ice, 1973. Spec. Pub. SP-60 (73), Washington D.C.

U.S. NAVY HYDROGRAPHIC OFFICE (1958): Oceanographic Atlas of the Polar Seas, Pt. II, Arctic. H.O. Pub. No. 705, Reprinted 1970, Washington D.C.

VALEUR, H. H. (1974): Briefl. Mitteilung vom 14.2.1974. Det Danske Meteorologiske Institut, Nautisk Afdeling, Charlottenlund

VALEUR, H. H. (1965): Short-Term Variations of Polar-Ice. Selected examples off south and southeast Greenland. In: Geografisk Tidskrift Jg. 64, S. 220-233.

VERMILLION, C.H. (1969): Weather Satellite Picture Receiving Stations Technology Utilization Report, NASA SP-5080, Washington D.C.

VIBE, C. (1967): The East Greenland Ice and the Baffin Bay Ice. In: Meddelelser øm Grønland, Bd. 170, No. 5, S. 19-26.

VINJE, T.E. (1970): Some observations of the ice drift in the East Greenland Current. In: Norsk Polarinstitutt - Årbok 1968, S. 75-78. (Oslo)

VINJE, T.E. (1971): Sea ice observations in 1969. In: Norsk Polarinstitutt - Årbok 1969, S. 132-138.

VINJE, T.E. (1972): Sea ice and drift speed observations in 1970. In: Norsk Polarinstitutt - Årbok 1970, S. 256-263.

VINJE, T.E. (1973): Sea ice and drift speed observations in 1971. In: Norsk Polarinstitutt - Årbok 1971, S. 81-86.

VOWINCKEL, E. (1962): Cloud Amount and Type over the Arctic. Publication in Meteorology No. 51, McGill University, Montreal.

VOWINCKEL, E. (1963): Ice Transport between Greenland and Spitzbergen, and its Causes. Publication in Meteorology, No. 59, McGill University, Montreal.

VOWINCKEL, E. (1964a): Heat Flux through the Polar Ocean Ice. Publication in Meteorology No. 70, McGill University, Montreal.

VOWINCKEL, E. (1964b): Ice Transport in the East Greenland Current and Causes. In: Arctic, Vol. 17, No. 2, S. 111-119.

WALCH, D.G. (1968): Die sommerlichen Bewölkungs- und Sonnenscheinunterschiede im Nordseeraum aufgrund von Satellitenbildern. Meteorologische Abhandlungen, Bd. LXXXVII, H. 1, Berlin.

WALDEN, H. (1966): Etwas über das Eis unter Südostgrönland. In: Der Wetterlotse, Jg. 18, No. 240, S. 250-255.

WATSON, L.A. (1974): Briefl. Mitteilung vom 20.2.1974. NOAA/NESS Washington D.C.

WEBER, P. (1971): Atmosphärische Transmission von Infrarotstrahlung. Vortrag in Lehrgang 1.10 'Infrarottechnik' der Carl-Cranz-Gesellschaft e.V., Dezember 1971.

WEEKS, W.F.; ASSUR, A. (1966): The Mechanical Properties of Sea Ice. Cold Regions Research and Engineering Laboratory Reprint from Proceedings of a Conference on Ice Pressures against Structures, Laval University, Quebec, 10.-11.11. 1966. Hanover.

WEEKS, W.F.; ASSUR, A. (1969): Fracture of Lake and Sea Ice. Cold Regions Research and Engineering Laboratory, Research Report 269, Hanover.

WEEKS, W.F.; HIBLER, W.D.; ACKLEY, S.F. (1973): Sea Ice: Scales, Problems and Requirements. Preprint zum Vortrag auf Interdisciplinary Symposium on Advanced Concepts and Techniques in the Study of Snow and Ice Resources, Monterey, December 2-6,1973. Cold Regions Research and Engineering Laboratory, Hanover.

WEEKS, W.F.; LEE, O.S. (1958): Observations on the Physical Properties of Sea-Ice at Hopedale, Labrador. In: Arctic, Vol. 11, Nr. 3, S. 135-155.

WENDLER, G. (1973): Sea Ice Observation by Means of Satellite. In: Journal of Geophysical Research, Vol. 78, No. 9, S. 1427-1448.

WESTPHAL, W.H. (1959): Physik. 20./21. Aufl. Berlin.

WIDGER, W.K. (1966): Orbits, Altitudes, Viewing Geometry, Coverage, and Resolution Pertinent to Satellite Observations of the Earth and its Atmosphere. In: 4th Symposium on Remote Sensing of Environment, Ann Arbor, S. 489-537.

WIECZOREK, U. (1972): Der Einsatz von Äquidensiten in der Luftbildinterpretation und bei der quantitativen Analyse von Texturen. Münchener Geographische Abhandlungen, Bd. 7, München.

WIENER, H. (1967): Das automatische Bildübertragungs-APT-System der Wettersatelliten. Meteorologische Abhandlungen, Bd. LXXII, H. 2, Berlin.

WILHELM, F. (1966): Hydrologie, Glaziologie. Das Geographische Seminar, Braunschweig.

WILHELM, F. (1971): Über das Klima der Polargebiete. In: Süddeutsche Zeitung, Nr. 127, Beilage "der mensch und die technik", 28.5.1971, S. 3.

WILLIAMS, R.S. (1972): Thermography. In: Photogrammetric Engineering, Vol. 38, No. 9, S. 881-883.

WILSON, H.P. (1961): The Major Factors of Arctic Climate. In: Geology of the Arctic - Proceedings of the 1st International Symposium on Arctic Geology, January 11.-13. 1960, Vol. II. RAASCH, G.O. (Hrsg.), Toronto, S. 915-930.

WITTMANN, W.; BURKHART, M.D. (1973): Sea Ice. Part 1: Major Features and Physical Properties. In: Mariners Weather Log, Vol. 17, Nr. 3, S. 125-134.

WMO (1970): WMO Sea-Ice Nomenclature. Genf.

ZUBOV, N.N. (1945): Arctic Ice. Moskau. (Englische Übersetzung o.J., o.O.)

KARTEN- UND BILDVERZEICHNIS

Dänische Patrouillen-Eiskarten auf Mikrofilm, gezeichnet auf "Ice Plotting Sheet", 1:1 Mio. - Hrsg.: Det Danske Meteorologiske Institut, Charlottenlund, 1974. 8.8.1973, 18.8.1973, Gebiet: Ostgrönlandküste.

Englische Eiskarte der Eisverhältnisse im nordatlantischen und nordostamerikanischen Raum, "Sea Ice Chart", 1:10 Mio. - Hrsg.: Meteorological Office, Bracknell. Faksimile-Karte vom 19.5.1973.

Map of the Americas, 1:5 Mio, Alaska, Northern Canada, and Greenland. - Hrsg.: American Geographical Society of New York, 1948.

Norwegische Eiskarte der Eisverhältnisse im nordatlantischen Raum, "Iskart", Kartblankett nr. 105, 1:10 Mio. - Hrsg.: Det Norske Meteorologiske Institutt, Oslo. 18.5.1973.

U.S.-amerikanische Eiskarte, "Southern Ice Limit". - Hrsg.: Fleet Weather Facility, Suitland Maryland. Faksimile-Karte vom 26.6.1973.

World Aeronautical Chart, 1:1 Mio, Bl. 18, Germania Land. - Hrsg.: U.S. Air Force, Aeronautical Chart and Information Service, Washington D.C., 1951, rev. 1955.

AIDJEX Data Bank:	Luftbilder vom AIDJEX Hauptlager, März 1972, Abb. 29, Anh.
C.E.M.S.:	NOAA-2 VHRR-Aufnahmen vom 22.8.1973, Abb. 10a, b, Anh.
DWD:	NOAA-2 SR-Aufnahme vom 25.3.1973, Abb. 22, Anh.
EROS Data Center:	ERTS-Aufnahmen der Ostgrönlandsee vom 25.3., 19.5., 25.6.1973, Abb. 34-36, Anh. ERTS-Aufnahmen der Barrow Strait vom 28.7.1972, Abb. 49a-d, Anh.
NASA:	Nimbus 5 ESMR-Aufnahmen von Grönland vom 1.6., 27.6., 23.7.1973, Abb. 33, Anh.
NOAA:	NOAA-2 VHRR-Aufnahme vom 22.8.1973, Abb. 9, Anh.
Sternwarte Bochum:	NOAA-2 VHRR-Aufnahmen vom 25.3., 19.5., 1.6., 12.6., 25.6., 27.6., 23.7., 18.8., 22.8., 5.10.1973, Abb. 39, 40, 33, 12, 41, 55, 33, 33, 59a-c, 8, 48, Anh.
University of Dundee:	NOAA-2 SR-Aufnahme vom 12.6.1973, Abb. 11, Anh.

Transparente Positivkontaktabzüge der originalen NOAA-2 VHRR-Negative (sichtbarer und infraroter Bereich) aus dem Zeitraum vom 15.3. - 25.11.1975 und vom grönländischen Gebiet, aufgezeichnet in der Sternwarte Bochum, liegen als fast tägliche Bildserie vor und wurden bei den Auswertungen verwendet.

ANHANG

Die Nordpfeile in den Aufnahmen sind nur lokal gültig und nicht auf entferntere Bildbereiche übertragbar.

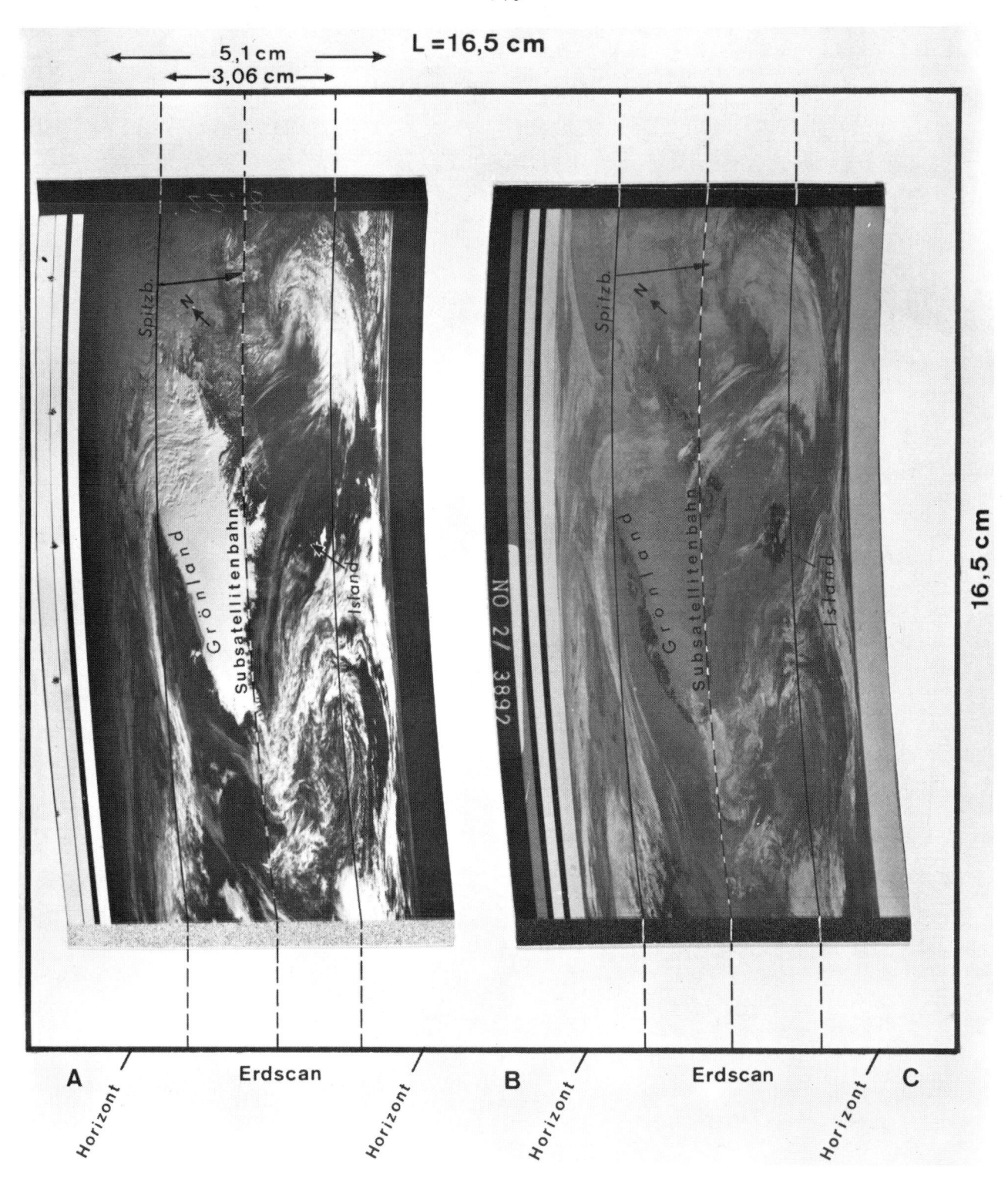

Abb. 8. NOAA-2 VHRR-Aufnahme vom 22.8.1973.
Rev. 3892; Empfangszeit: 13:06-13:19 GMT.
Links: 0,6 - 0,7 μ. Rechts: 10,5 - 12,5 μ.
A, B, C: Weltraumabtastung, Telemetrie- und Synchronisationsdaten.

Aufnahme: Sternwarte Bochum.

Format des originalen VHRR-Negativs, beide Kanäle umfassend.

Zum Text S. 19, 21, 78; vgl. Abb. 9, 10a, b, Anhang.

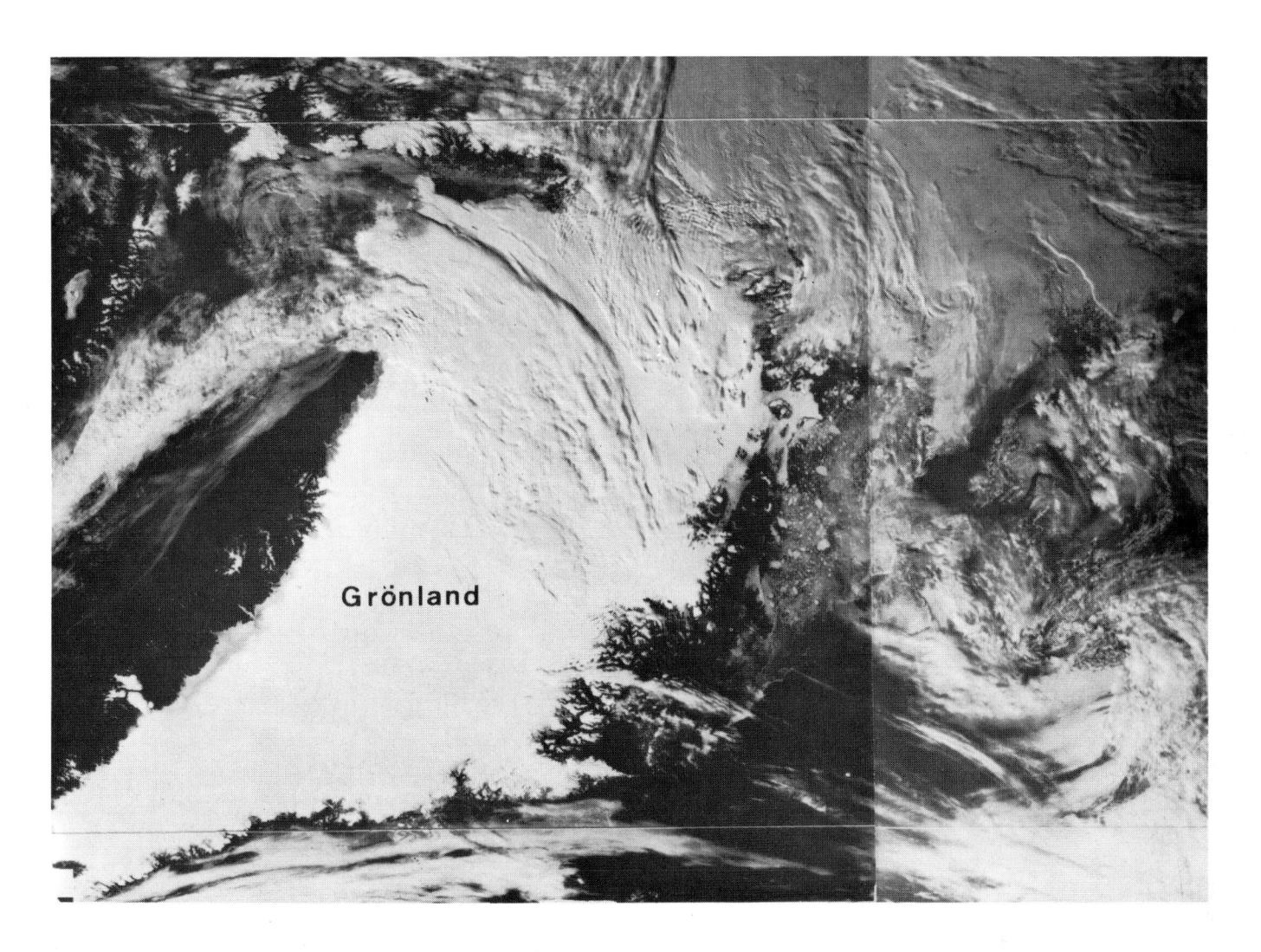

Abb. 9. NOAA-2 VHRR-Aufnahme vom 22.8.1973. Rev. 3893; 0,6 - 0,7 μ.
Aufnahme: NOAA, Washington D.C., U.S.A.
Netz-Overlay: NOAA, Washington D.C., U.S.A.
Aufnahme ohne Dopplereffekt-Krümmung.
Zum Text S. 21, 36; vgl. Abb. 8, 10a, b, Anhang.

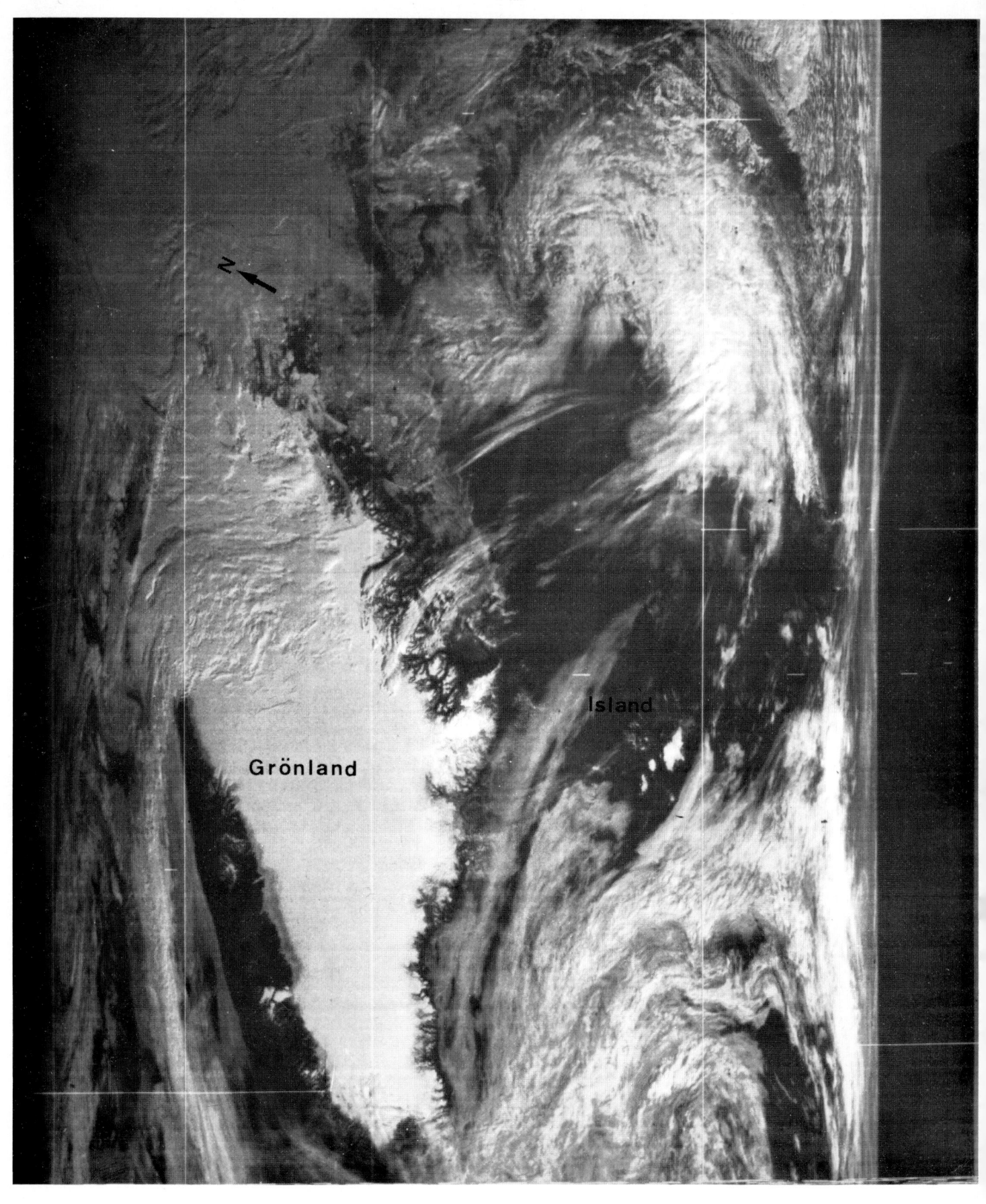

Abb. 10 a. NOAA-2 VHRR-Aufnahme vom 22.8.1973.
Rev. 3892; 0,6 - 0,7 μ.

Aufnahme: Centre d'Études Météorologiques
Spatiales, Lannion, Frankreich.

Aufnahme ohne Dopplereffekt-Krümmung.
Zum Text S. 21, 78; vgl. Abb. 8, 9, Anhang.

- 143 -

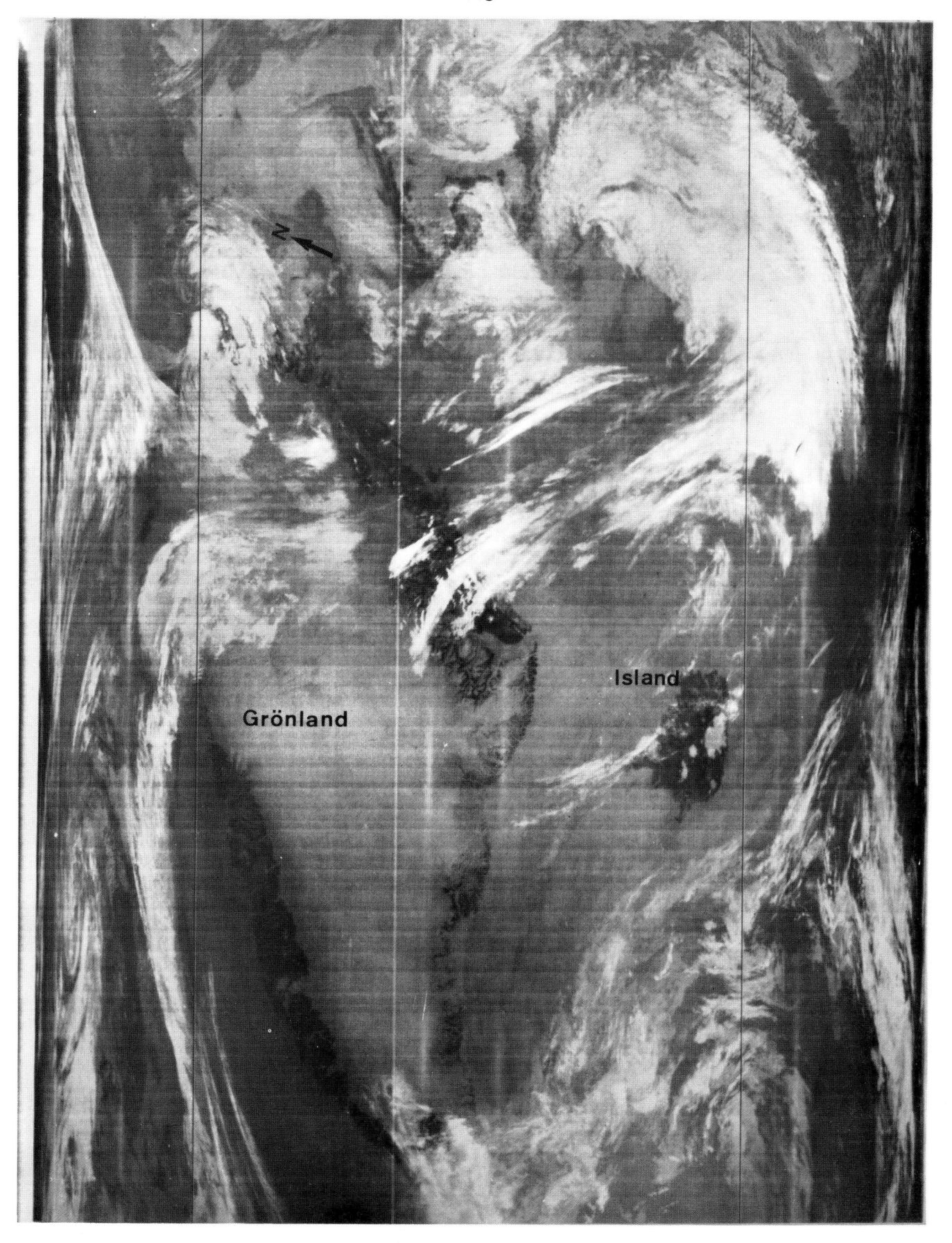

Abb. 10 b. NOAA-2 VHRR-Aufnahme vom 22.8.1973.
Rev. 3892; 10,5 - 12,5µ.
Aufnahme: Centre d'Études Météorologiques
Spatiales, Lannion, Frankreich.

Aufnahme ohne Dopplereffekt-Krümmung.
Zum Text S. 21, 78; vgl. Abb. 8, 9, Anhang.

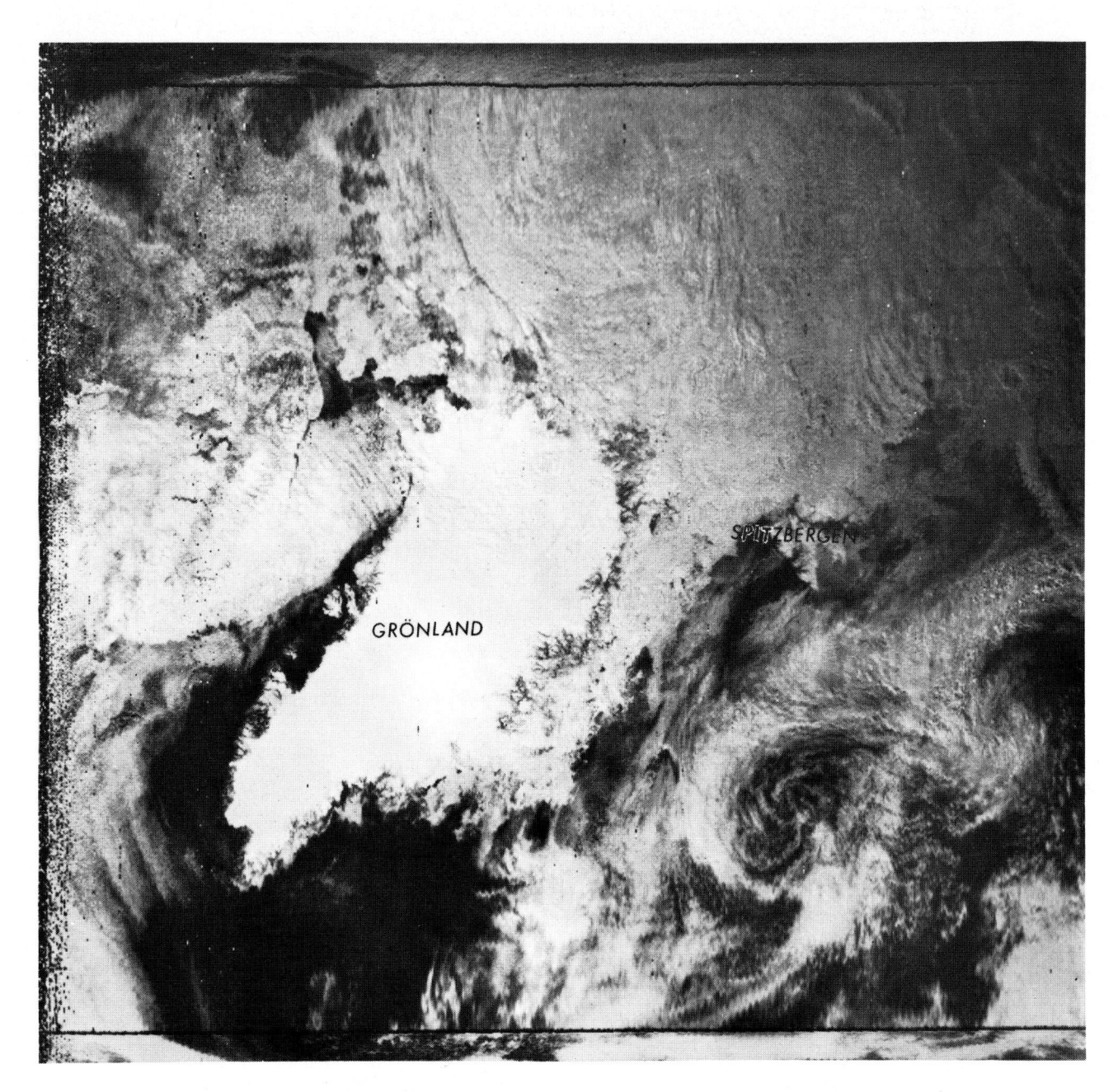

Abb. 11. NOAA-2 SR-Aufnahme vom 12.6.1973; 0,5 - 0,7 μ.

Aufnahme: Electronics Laboratory, University of Dundee, Großbritannien.

Die Aufnahme wurde zwischen ±20° des zugehörigen geozentrischen Winkels linearisiert. Ein Vergleich zu Abb. 12, Anh., zeigt den Einfluß der Liniendichte pro mm Film auf die Wiedergabe der Umrißformen.

Zum Text S. 22, 78.

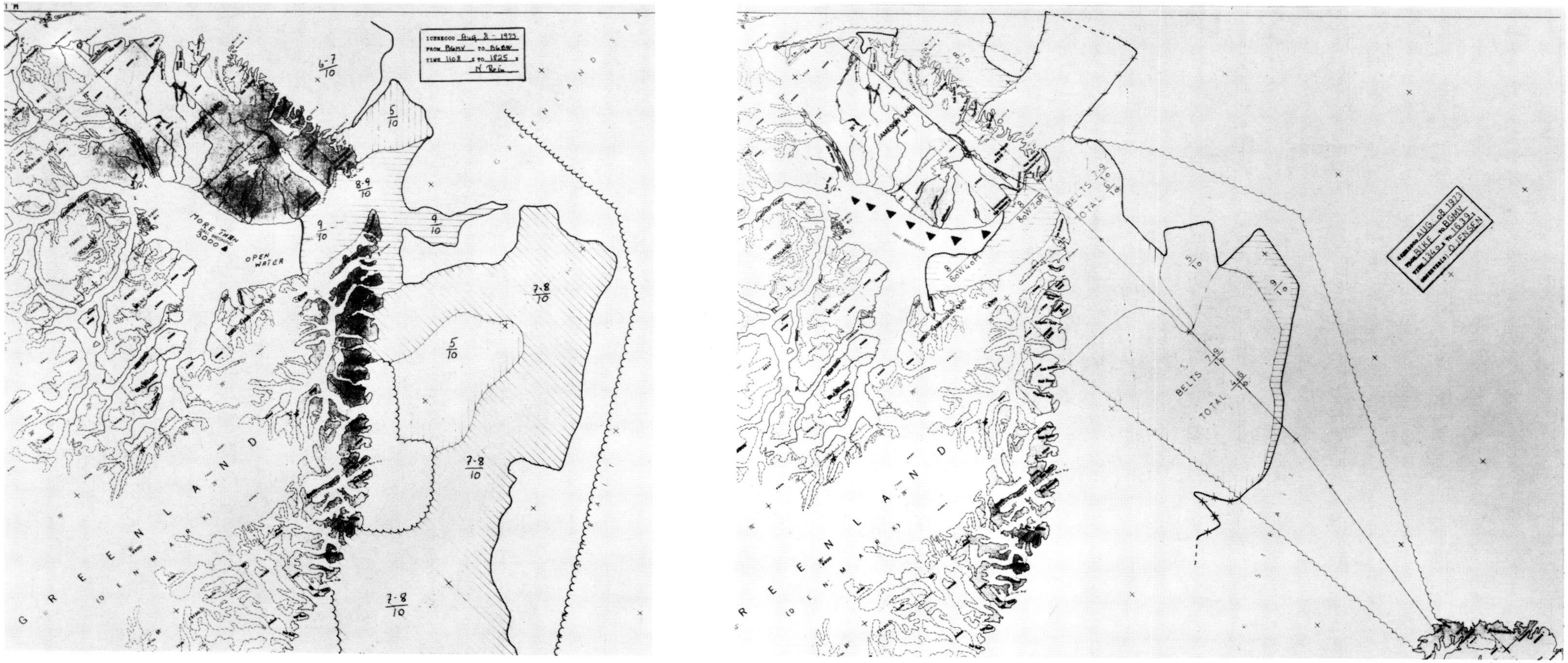

Abb. 32. Dänische Patrouillen-Eiskarten vom 8.8.1973, Scoresby Sund.
(Det Danske Meteorologiske Institut, Charlottenlund, Dänemark)
Unterschiedliche Darstellung der Eisverhältnisse desselben Gebietes, von zwei verschiedenen Beobachtern am selben Tage aufgezeichnet.

Legende s. Abb. 60, S. 164, Anhang.

Zum Text S. 57, 111.

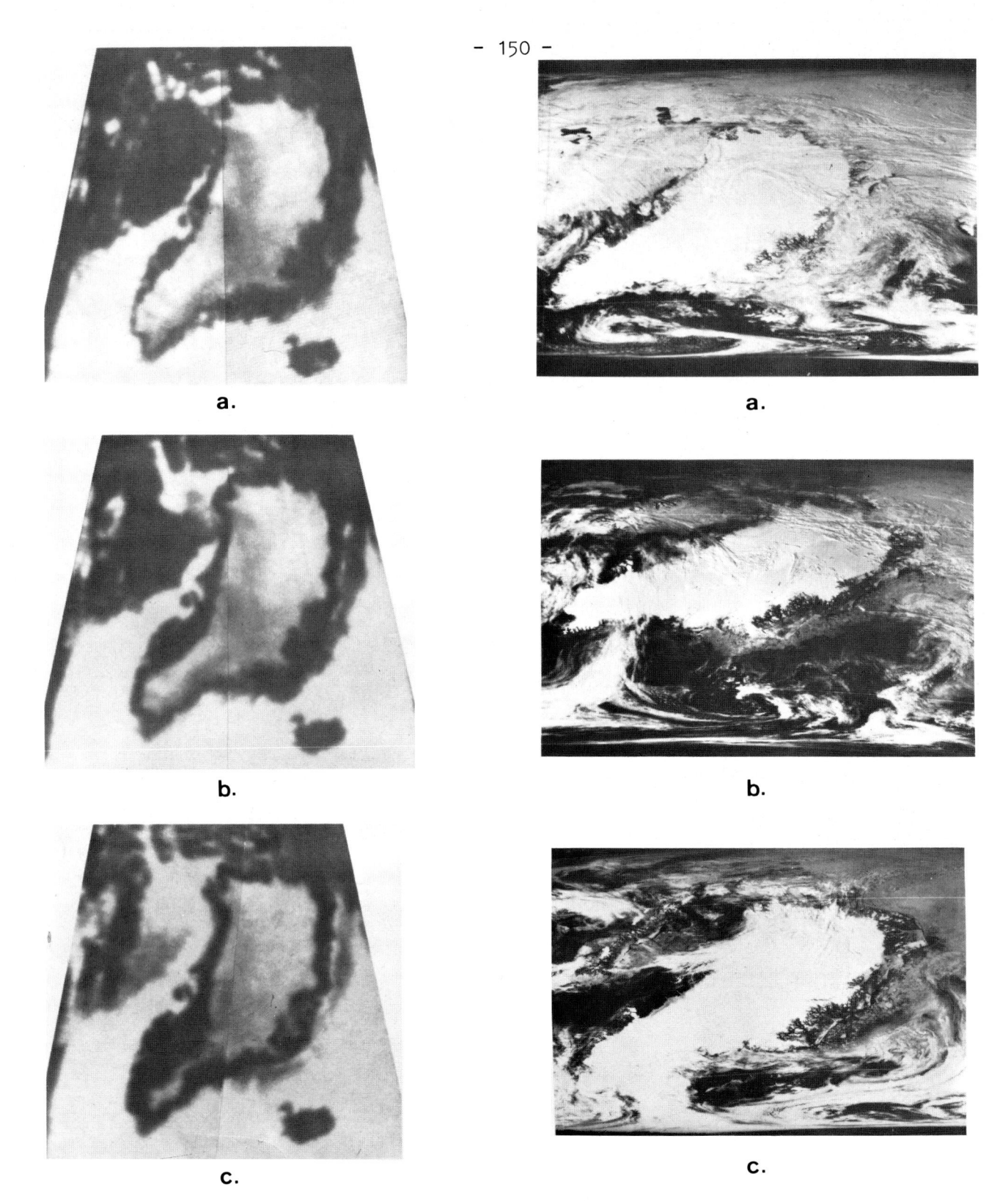

Abb. 33. Links: Nimbus 5 ESMR-Aufnahmen von Grönland; Spektralbereich um λ = 1,55 cm.
a. 1.6.1973; b. 27.6.1973; c. 23.7.1973.
Aufnahmen: NASA, GSFC (durch ARA).

Rechts: NOAA-2 VHRR-Bilder; 0,6 - 0,7 μ.
a. 1.6.1973, Rev. 2866, Empfangszeit: 14:21-14:37 GMT;
b. 27.6.1973, Rev. 3179, Empfangszeit: 14:20-14:34 GMT;
c. 23.7.1973, Rev. 3517, Empfangszeit: 14:11-14:27 GMT.
Aufnahmen: Sternwarte Bochum.

Nimbus 5 Mikrowellen- und NOAA-2 VHRR-Aufnahmen (sichtbarer Bereich) im Vergleich.

Zum Text S. 60.

MSS 7

MSS 4

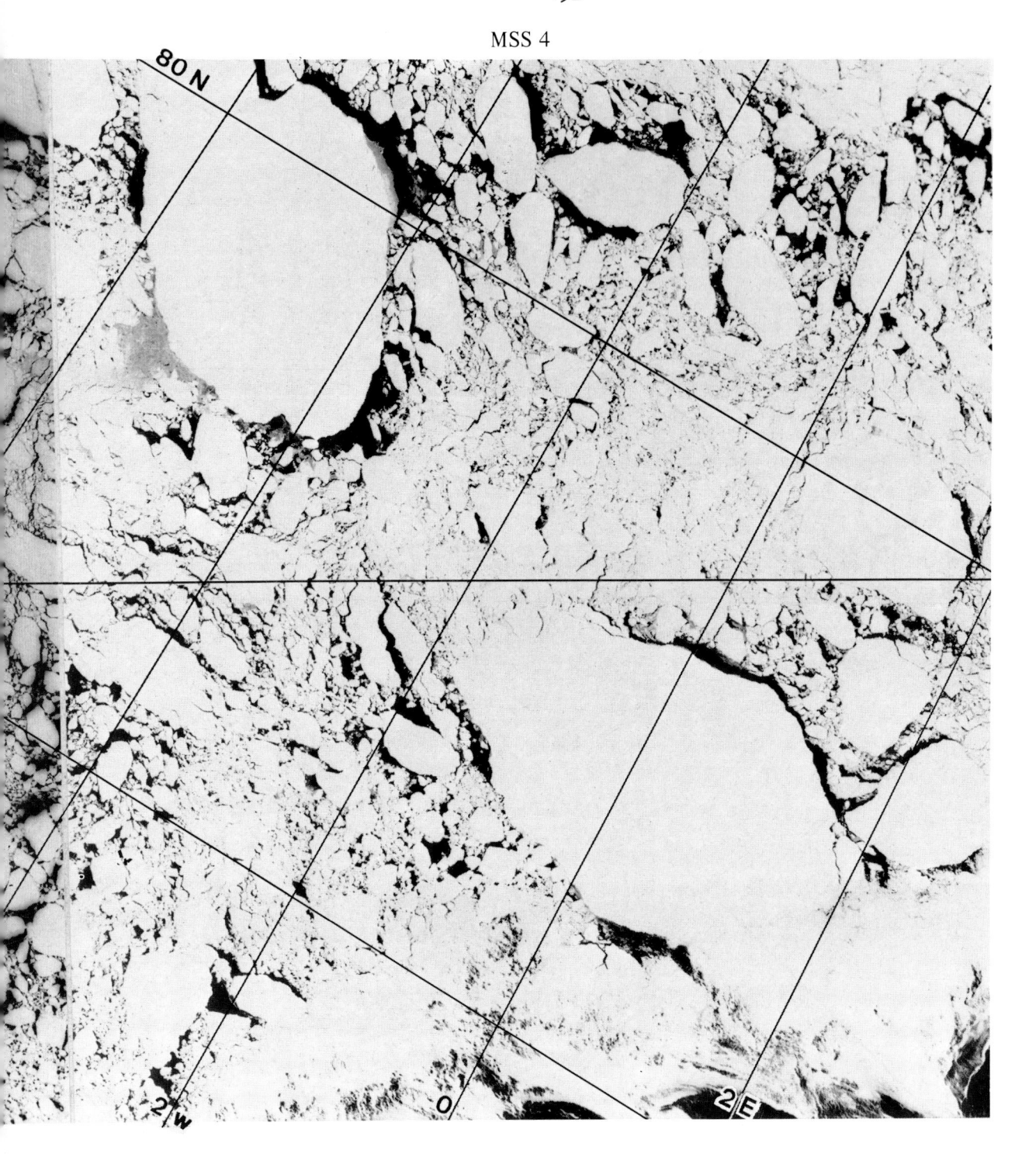

Abb. 35. ERTS-Aufnahmen (MSS bulk imagery) vom 19.5.1973, Maßstab 1 : 1 Mio.; Aufnahmezeit: 13:46:40-13:48:00 GMT.

(von EROS Data Center, Sioux Falls, S.D., U.S.A.)

Das geographische Koordinatennetz ist a) nach den Bildangaben (durchgezogen), b) nach der World Aeronautical Chart 1 : 1 Mio. (gestrichelt) dargestellt.

Meereis vor der Ostgrönlandküste (Store Koldewey).
Zum Text S. 64, 65, 72-79, 89; vgl. Abb. 40, Anhang.

Abb. 39. NOAA-2 VHRR-Aufnahme vom 25.3.1973. Rev. 2014;
Empfangszeit: 13:18-13:34 GMT; 10,5 - 12,5 µ.
Maßstab in Subsatellitenbahnnähe:
1 : 3,65 Mio. (parallel zur Subsatellitenbahn),
1 : 5,53 Mio. (senkrecht zur Subsatellitenbahn).

Aufnahme: Sternwarte Bochum.

Meereis in der Ostgrönlandsee.
Markiert: Ausschnitt des ERTS-Bildes vom 25.3.1973,
Abb. 34, Anhang.

Zum Text S. 72-79, 97; vgl. Abb. 22, Anhang.

SPITZBERGEN

◀ Abb. 40. NOAA-2 VHRR-Aufnahme vom 19.5.1973. Rev. 2703;
Empfangszeit: 14:02-14:12 GMT; 0,6 - 0,7 μ.
Maßstab in Subsatellitenbahnnähe:
1 : 3,65 Mio. (parallel zur Subsatellitenbahn),
1 : 5,53 Mio. (senkrecht zur Subsatellitenbahn).

Aufnahme: Sternwarte Bochum.

Das geographische Koordinatennetz ist gemäß dem konstruierten VHRR-Netz gezeichnet.
Overlay: Interpretationsskizze.

Meereis in der Ostgrönlandsee.
Markiert: Ausschnitt des ERTS-Bildes vom 19.5.1973, Abb. 35, Anhang.

Zum Text S. 72-79, 111, 115.

Abb. 41. NOAA-2 VHRR-Aufnahme vom 25.6.1973. Rev. 3166; Empfangszeit: 13:27-13:42 GMT; 0,6 - 0,7 µ. Maßstab in Subsatellitenbahnnähe: 1 : 3,65 Mio. (parallel zur Subsatellitenbahn), 1 : 5,53 Mio. (senkrecht zur Subsatellitenbahn).

Aufnahme: Sternwarte Bochum.

Meereis in der Ostgrönlandsee. Markiert: Ausschnitt des ERTS-Bildes vom 25.6.1973, Abb. 36, Anhang.
Zum Text S. 72-79, 97, 111; synchron zu Abb. 55, Anhang.

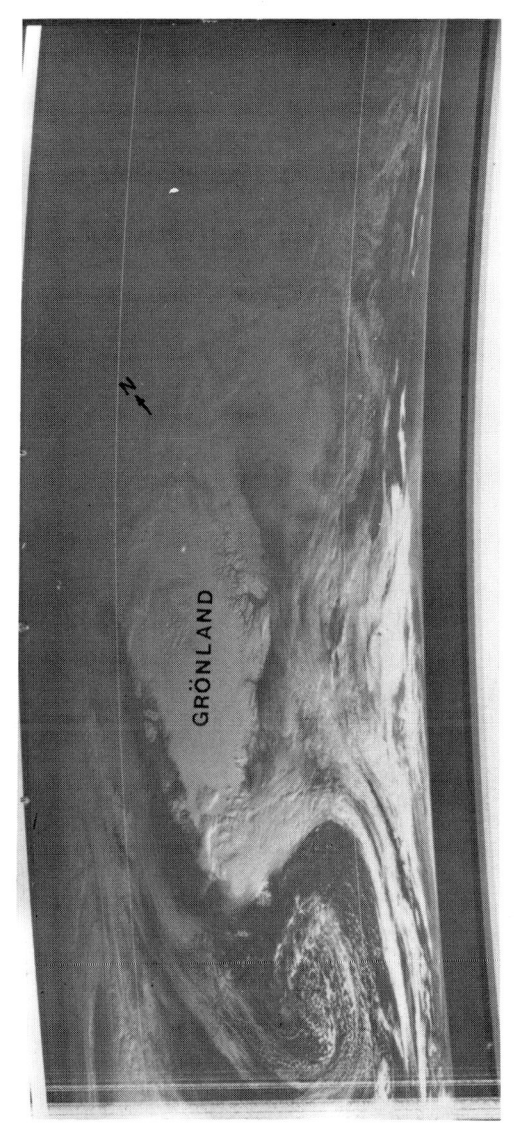

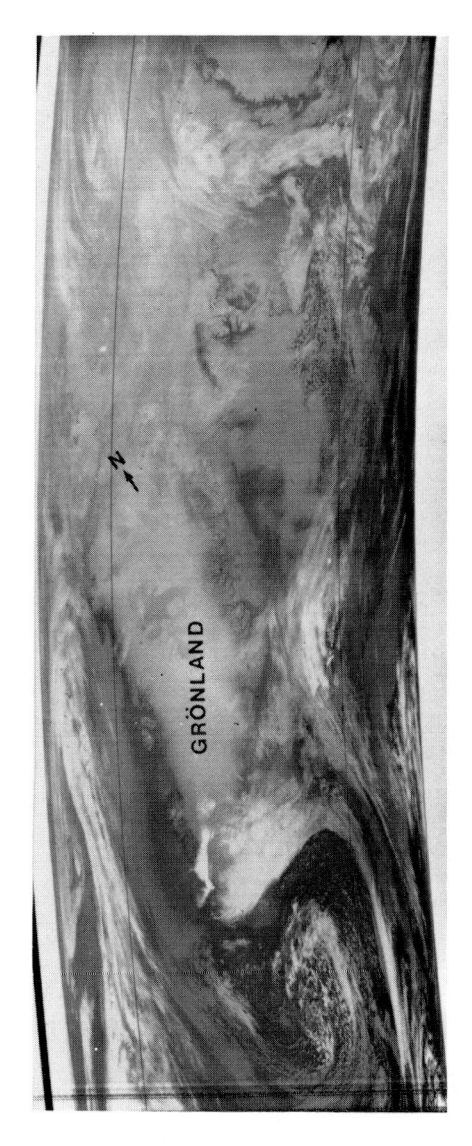

a.   b.

Abb. 48. NOAA-2 VHRR-Bilder vom 5.10.1973.
Rev. 4443; Empfangszeit: 13:11-13:26 GMT.

Aufnahme: Sternwarte Bochum.

a. 0,6 - 0,7 μ.
   Gute Erkennbarkeit des Küstenverlaufs von
   Grönland; Einbruch des Polarwinters.
b. 10,5 - 12,5 μ.
   Erfassung des Eises in der Polarnacht mit
   IR-Bildern.

Zum Text S. 88, 91, 92.

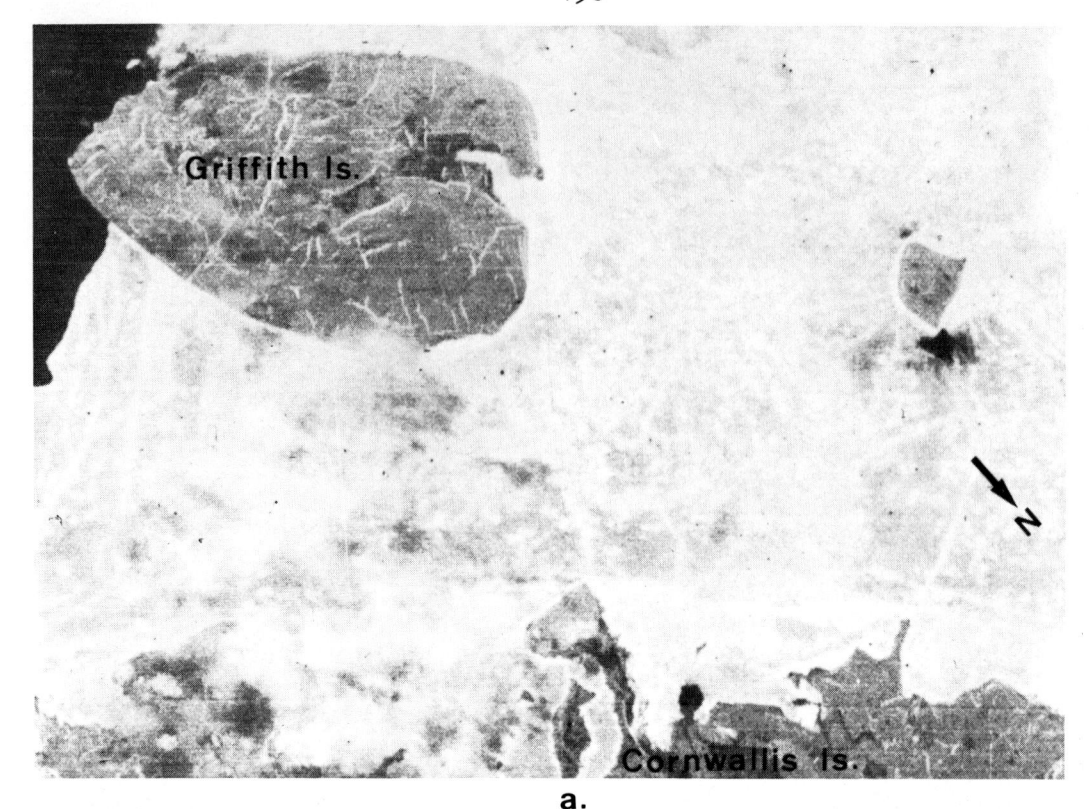

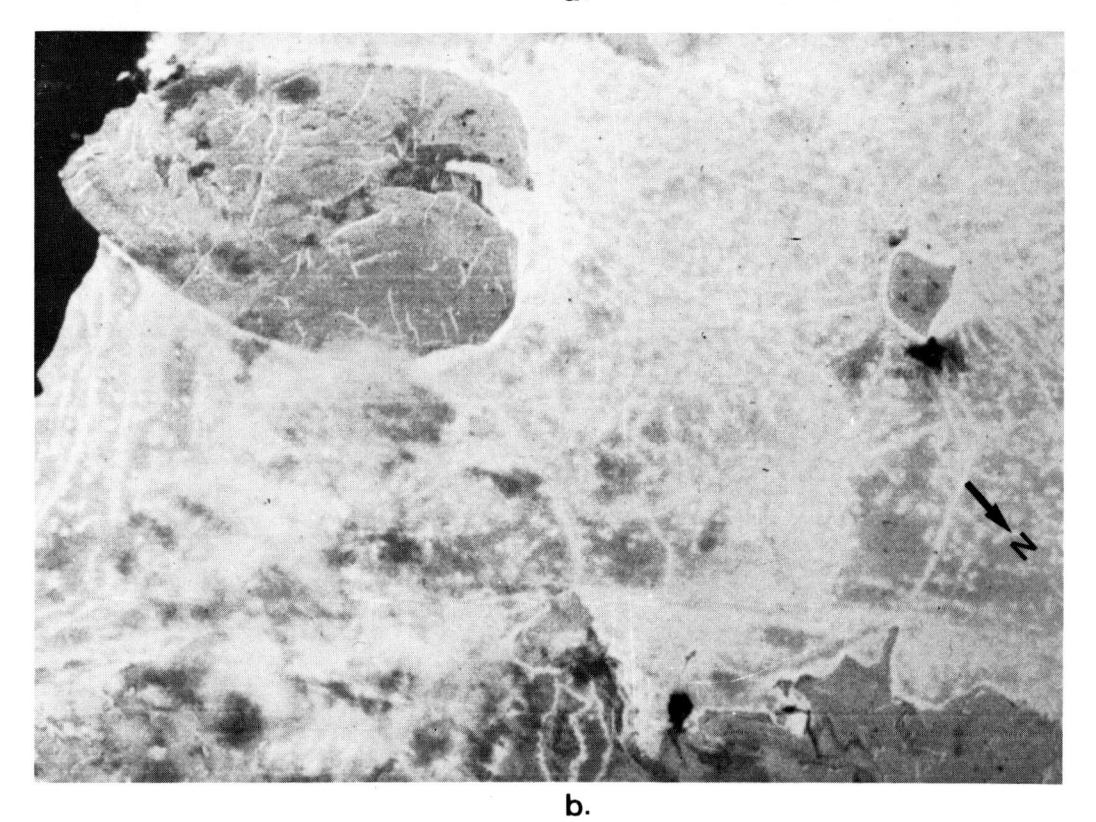

Abb. 49. ERTS-Aufnahmen (MSS bulk imagery) vom 28.7.1972.
Aufnahmezeit: 18:17 GMT.
a. MSS 4; b. MSS 5; c. MSS 6; d. MSS 7.
Maßstab ca. 1 : 320000.
Barrow Strait (Griffith Island, Küste von
Cornwallis Island; 96°W, 74,5°N).

Aufnahme: EROS Data Center, Sioux Falls, S.D., U.S.A.

Vergleich der 4 MSS-Kanäle des ERTS-1 bezüglich der
Darstellung von Meereis.
Zum Text S. 88, 89.

c.

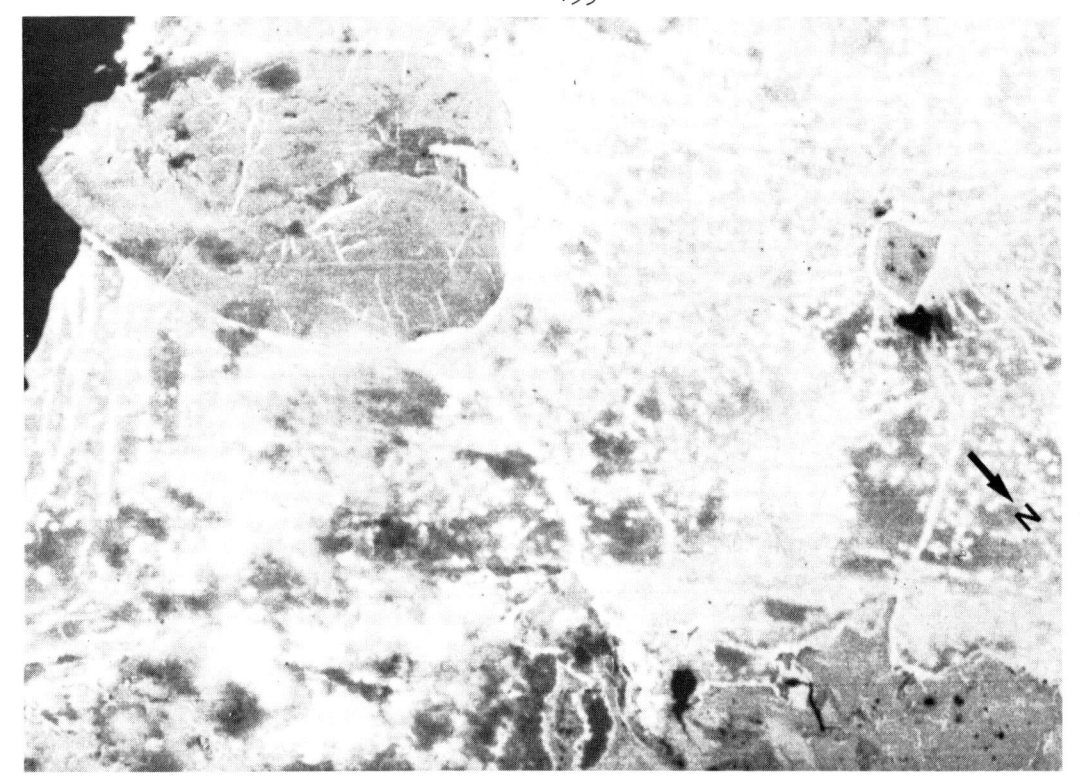

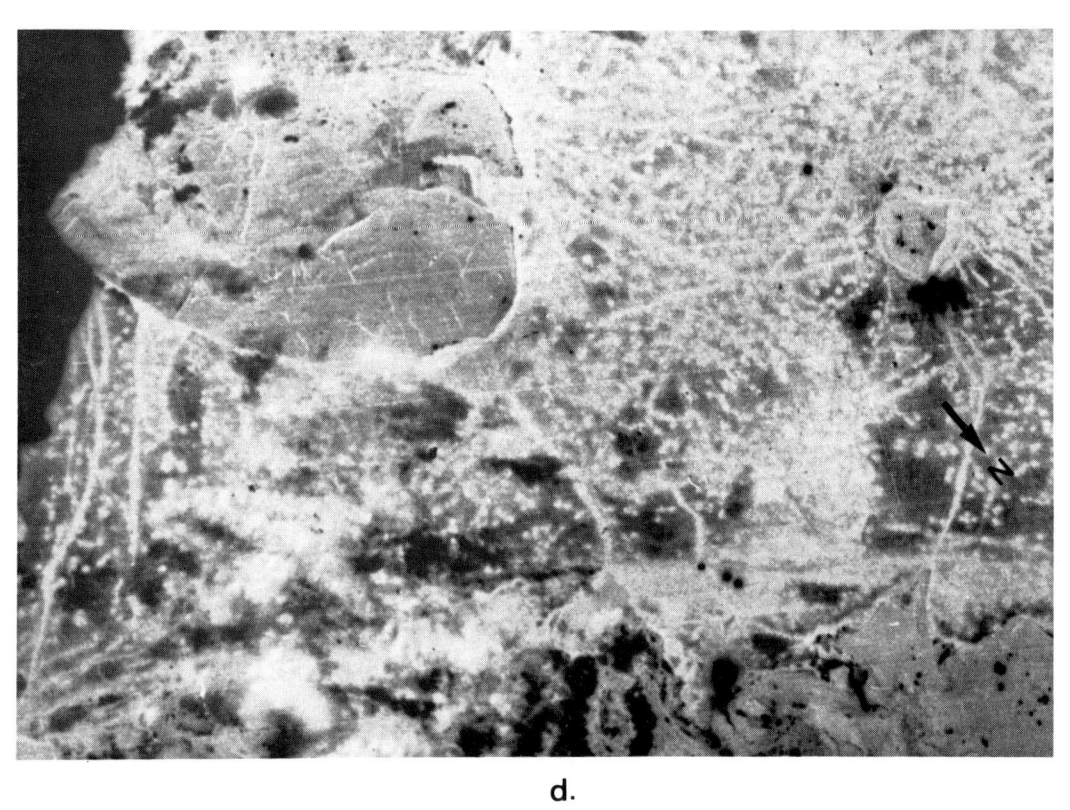

d.

a. b. c. d.

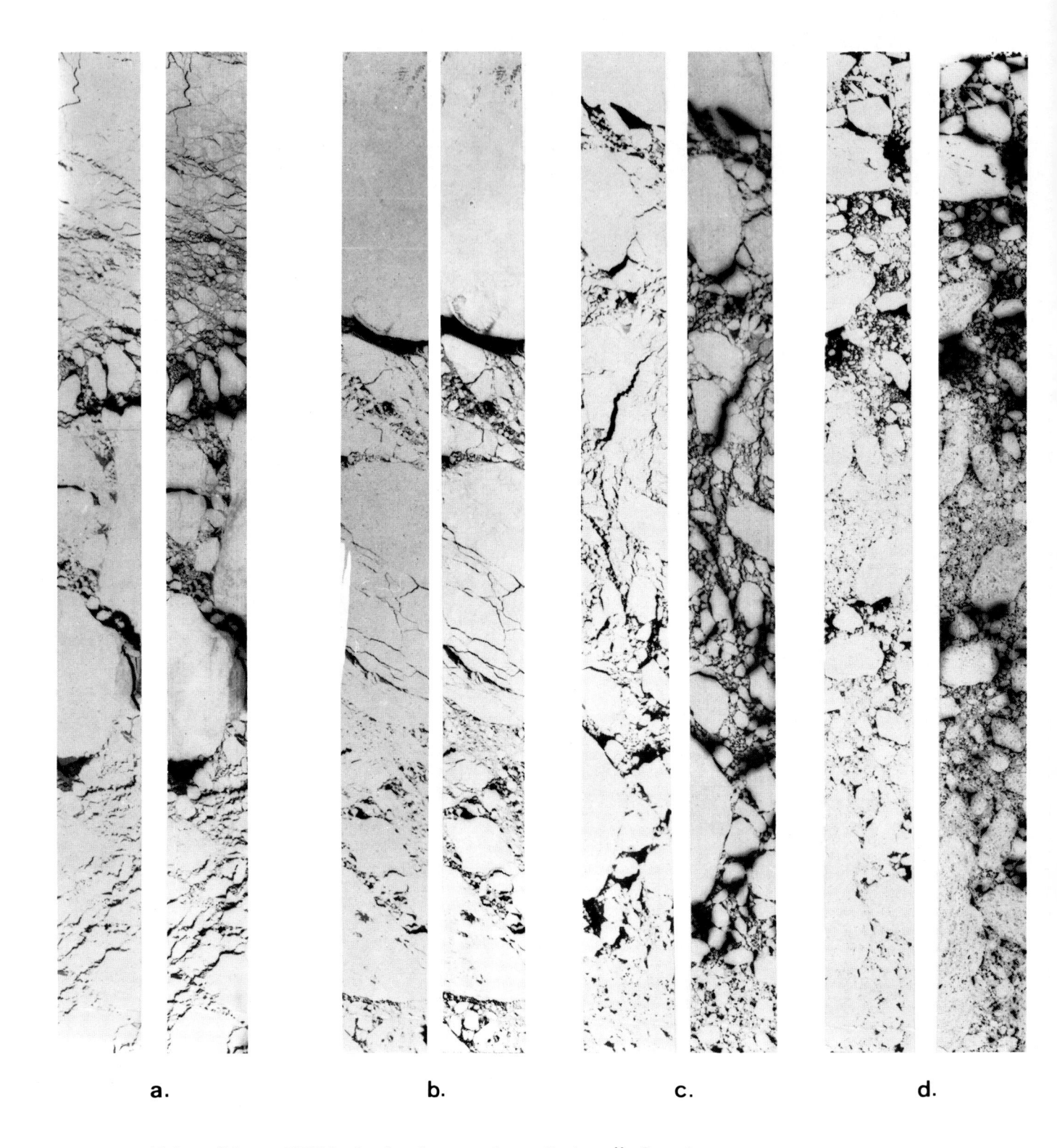

Abb. 50. ERTS-Aufnahmen der Ostgrönlandsee
          (Randausschnitte von Abb. 35, 36).
          a. 19. Mai 1973; links: MSS 5, rechts: MSS 7;
          b. 19. Mai 1973; links: MSS 5, rechts: MSS 7;
          c. 19. Mai 1973; links: MSS 4, rechts: MSS 7;
          d. 25. Juni 1973; links: MSS 4, rechts: MSS 7.

          Vergleich der 3 MSS-Kanäle 4, 5, 7 des ERTS-1
          bezüglich der Darstellung von Meereis.
          Zum Text S. 89.

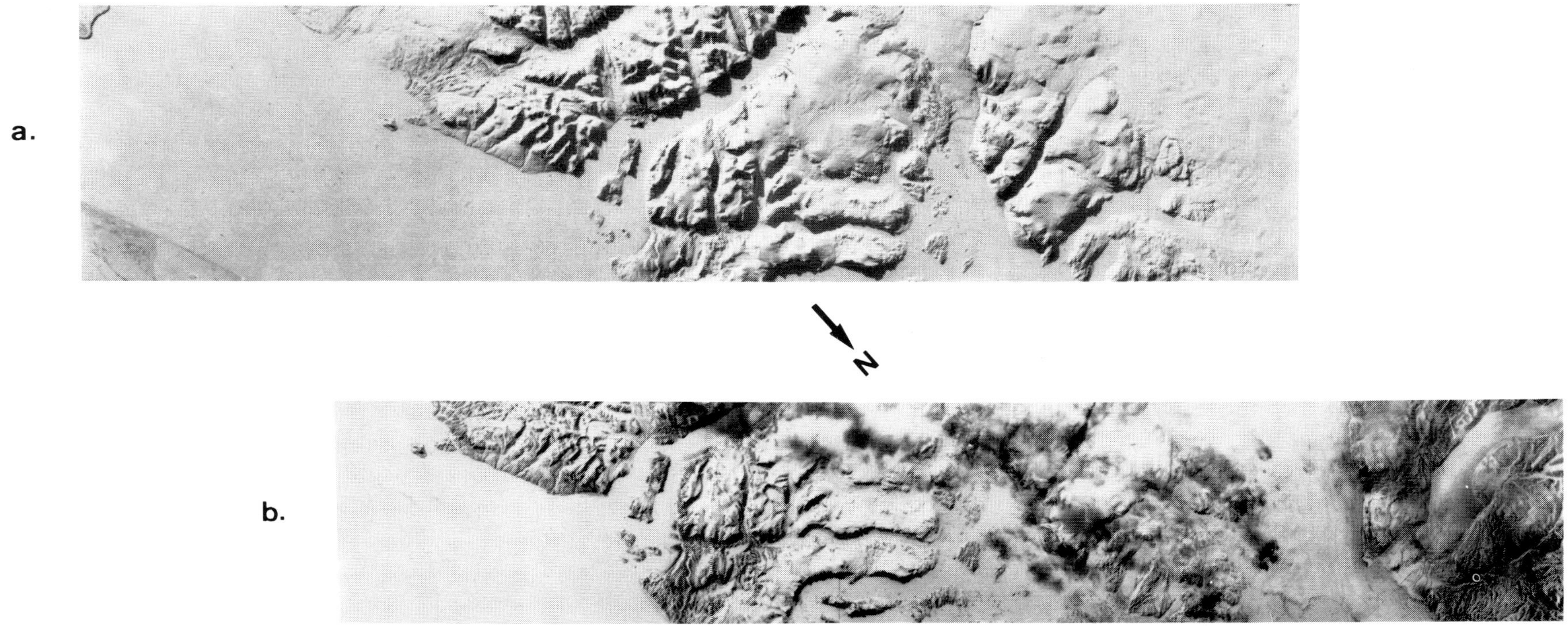

Abb. 52. ERTS-Aufnahmen der Ostgrönlandküste (Randausschnitte von Abb. 34, 35). a. 25. März 1973, MSS 5; b. 19. Mai 1973, MSS 7.

a. und b.: Unterschiedlicher Reliefschatten desselben Geländes zu verschiedenen Zeiten.
b.: Wolkenschatten.

Zum Text S. 92.

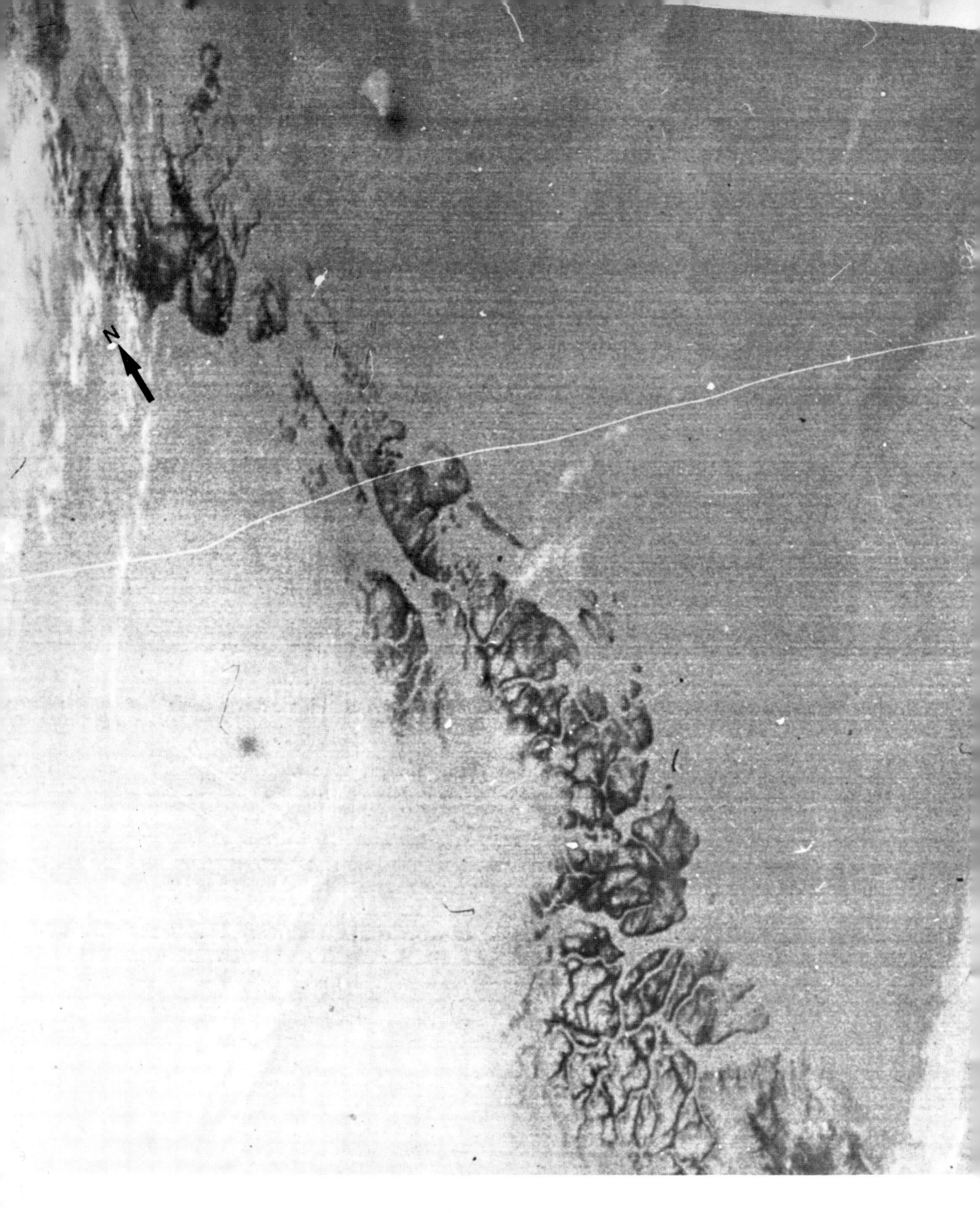

Abb. 55. NOAA-2 VHRR-Aufnahme vom 25.6.1973. Rev. 3166; Empfangszeit: 13:27-13:42 GMT; 10,5 - 12,5 µ. Maßstab in Subsatellitenbahnnähe: 1 : 3,65 Mio. (parallel zur Subsatellitenbahn), 1 : 5,53 Mio. (senkrecht zur Subsatellitenbahn).

Aufnahme: Sternwarte Bochum.

Meereis in der Ostgrönlandsee, in dieser Sommeraufnahme kaum feststellbar.
Zum Text S. 97; synchron zu Abb. 41, Anhang.

Abb. 59. NOAA-2 VHRR-Aufnahmen vom 18.8.1973. Rev. 3843; Empfangszeit: 15:01-15:16 GMT.
Maßstab ca. 1 : 4 Mio. Ostgrönlandküste (Store Koldewey).
a. 0,6 - 0,7 μ.
   Gute Trennbarkeit von Meereis und Wasser; mäßige Erkennbarkeit des Küstenverlaufs.
b. 10,5 - 12,5 μ.
   Meereis und Wasser nicht zu unterscheiden; Küstenverlauf gut erkennbar.
c. o.g. Kanäle photographisch übereinanderkopiert.
   Dichtewerte in jedem Punkt addiert; Küstenverlauf deutlicher als in a.
Der Pfeil weist auf Wolken und deren Schatten

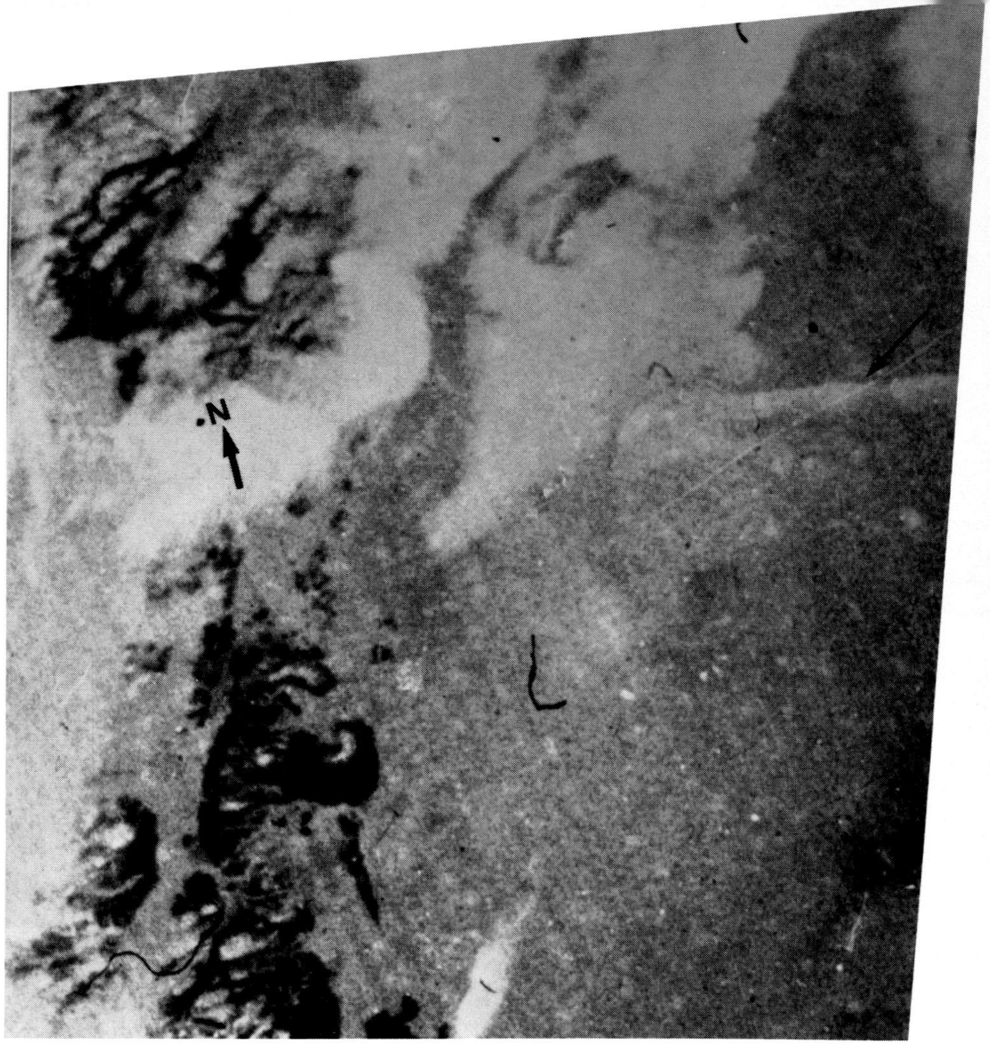

Aufnahme: Sternwarte Bochum.
Zum Text S. 108-111.

c.

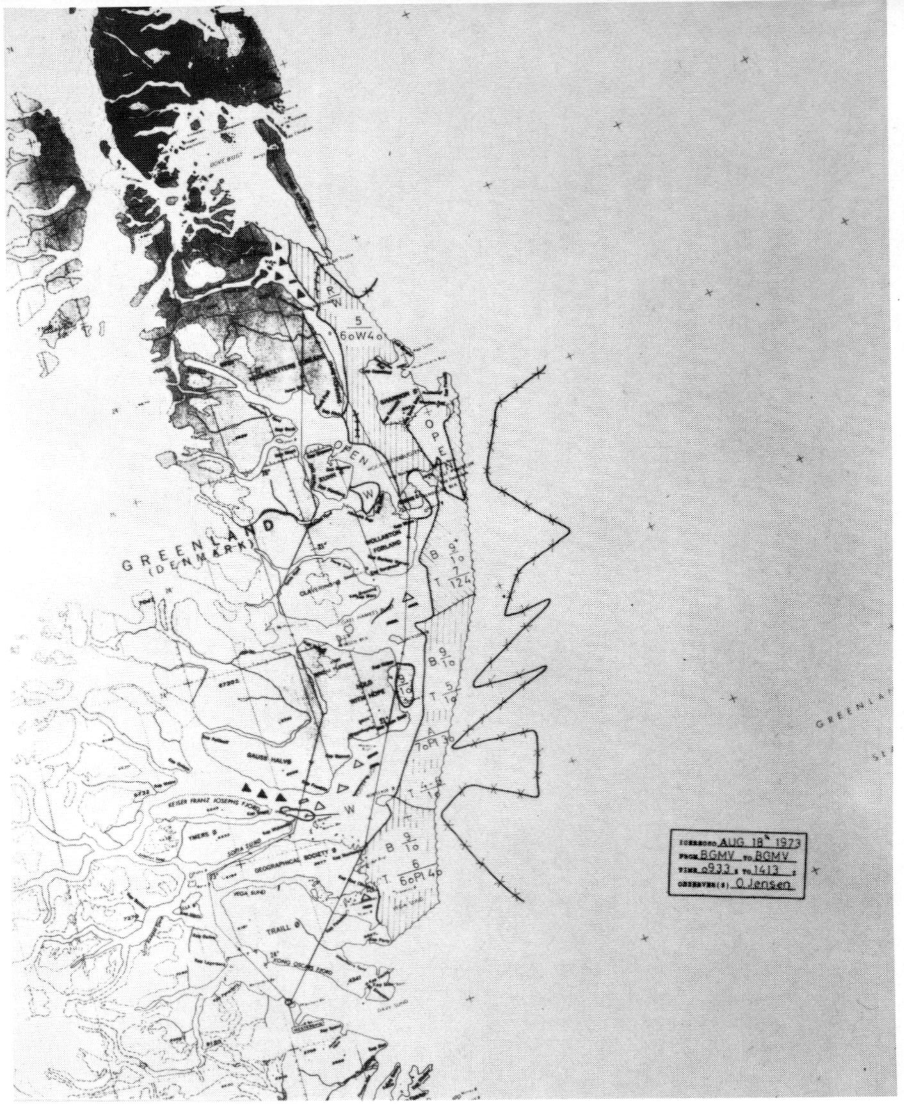

Rechts:
Abb. 60. Dänische Patrouillen-Eiskarte vom 18.8.1973.
Gebiet um Store Koldewey.

(Det Danske Meteorologiske Institut, Charlottenlund, Dänemark)

In der Karte sind keine Angaben zum küstenferneren Meereis gegeben; das küstennahe Eis ist detailliert dargestellt. Der Kartenausschnitt umfaßt u.a. den südlichen Teil der Photos aus Abb. 59a-c.

ICE PLOTTING LEGEND

COVERAGE BY SIZE

$$\frac{Cn}{n_1 \; n_2 \; n_3}$$

n_1 = tenths of slush, brash and block
n_2 = tenths of small and medium floes
n_3 = tenths of giant floes and field

AGE

$$A$$

% dominant, % secondary

Sl = Slush   W = Winter ice
Y = Young ice   Pl = Polar ice

Examples: $\frac{A}{60W}$, $\frac{A}{40Pl \; W}$ etc.

ICE OF LAND ORIGIN

▲ Icebergs - many (> 20)
△ Icebergs - few (< 20)
▲ Bergy bits (> 50) and growlers (> 100)
△ Bergy bits (< 50) and growlers (< 100)
• Single icebergs

TOPOGRAPHY

∧∧ Rafted ice
ᴡ Ridged ice
ᴍ Hummocks

Extent H = very extensive
        L = few present

When no entry appears beneath symbol extent is moderate

$\frac{ᴡ}{H}$ = very extensive ridging

∧∧ = moderate rafting

$\frac{ᴍ}{L}$ = few hummocks

BOUNDARY

───── Observed
✶─✶─✶ Radar observed
────── Estimated
ooooo Limit of observed data

UNDERCAST
ɞ ɜ Undercast (limits)

WATER FEATURES

$$Pd$$

Puddles dominant amount in tenths unless frozen or rotten

F = Frozen   R = Rotten
Examples: $\frac{Pd}{3}$ $\frac{Pd}{F}$ $\frac{Pd}{R}$

⌇⌇ Crack   ⌒ Lead
◯ Polynya

THICKNESS AND SNOW COVER

Thickness $\frac{T}{n}$ where n = feet and inches

Snow cover: $\frac{S \; S \; S \; S}{n \; C \; D \; O}$

n = depth to nearest inch
C = ice uniformly snow covered
D = snow cover in drifts
O = no snow cover present

ICE PLOTTING SHEET

Scale 1:1,000,000
At 37° and 65° North Latitude
Lambert Projection

(Aufstellung gemäß dem Mikrofilm-Original, herausgegeben von: Det Danske Meteorologiske Institut, März 1974)

ENGLISH SUMMARY

EVALUATION OF SATELLITE IMAGERY (NOAA-2 VHRR) FOR MONITORING ARCTIC SEA ICE

1. Introduction

The particular value of satellite imagery is the possibility of observing dynamic phenomena on and above the Earth's surface over a period of days, months or years within the 4-dimensional space-time continuum. Weather satellite photographs are used not only in Meteorology; Ice Services also increasingly apply this material to studies of large-scale changes in sea ice within short periods of time.

This is a systematic analysis of how far such material can be effectively employed in sea ice observations. A specific study-area was chosen, so that differing regional conditions would not influence the results. The East Greenland Sea was selected, since this is where most of the sea ice is exported from the Arctic Basin to Southern waters.

NOAA-2 VHRR imagery for the period 15.3. - 25.11.1973 was basic material for the long-term analysis. This imagery is acquired by the Institute of Space Research (Observatory Bochum) on a daily basis, and has a much higher resolution than imagery transmitted from earlier meteorological satellites. Comparative material used in the study is ERTS-1 MSS images taken on some of the same days as VHRR of the area; other satellite imagery and various ice map series.

The methods of imagery analysis are those employed in conventional photointerpretation and simpler photographic procedures; picture processing was also done with a VP-8 vidicon image analyser.

2. Arctic Sea Ice

Following a short description of the physical basis of formation, development, drift and extent of Arctic sea ice, reference is made to ice fluctuations in the East Greenland Sea as treated in scientific literature. The necessity is stressed of using satellite data available as of 1960 instead of older ice charts to analyse short- and long-term ice variations.

3. General Remarks Concerning Terrain Image Analysis

A new mathematical scheme of relationships between image and terrain is presented, and the thesis is built up according to this concept. An image function α is introduced and further separated into 2 functions, the analysis of which permits descriptions of image geometry and gray-tones. After generalizing α by inclusion of the time-dimension, a distinction is made between primary and secondary image information: points of 3-dimensional space, and relevant image objects. The latter are further separated into object categories before carrying out photointerpretation.

4. Analysis of VHRR Imagery

An overview is given of the physical and technical basis of the NOAA-2 VHRR sensing, transmission and acquisition system.

Formulas are derived for describing detail resolution and distances on VHRR imagery and these are illustrated in graphic form. An analysis of image geometry indicated the way in which an appropriate geographic grid could be constructed specifically for the available VHRR material. This grid allowed positioning of image points with only minimal errors.

In order to delimit interpretation possibilities of gray-tones, it was necessary to determine what the VHR-radiometer actually measures and how the measured values are reproduced as various density steps in the imagery. The conclusion is that in both visible and infrared ranges gray-tones provide only qualitative information.

Finally, the relationship between geometric resolution and gray-tones is considered.

5. Image Objects, Object Categories and Ice Parameters; ERTS

After delineating relevant image objects and their categories, an ice parameter table distinguishing stationary and dynamic phenomena is constructed based on ice-chart legends and the WMO Ice Nomenclature. Two parameter ranks are defined.

In order to show the advantages VHRR images offer in comparison to other ice observation procedures, conventional as well as modern remote sensing methods — in particular ERTS imagery — are discussed.

6. Spatial Factor

Using the available ERTS and VHRR material, ice parameters identifiable and measurable on VHRR imagery are determined in Chapters 6, 7 and 8, and degree of measuring accuracy is discussed. Internal, system inherent factors and external natural conditions influencing the image analysis process are arranged according to spectral, spatial and temporal aspects. This provides a clear, but simplified scheme for subsequent considerations.

After defining and describing the terms minimum visible detail, spatial frequency, image micro- and macro-range, detail detectability and texture, a sea ice spatial classification scale is proposed and discussed. Herein ice parameters are ordered according to size and related to their detectability on aerial photography and satellite imagery.

Practical interpretation of VHRR material and comparative ERTS images showed that near the subsatellite path the minimum detectable object size could be determined as 3-5 km for sea ice floes, 1.5-2 km for openings in the ice, and 0.5-1 km for linear water features. This last was a surprisingly good result.

In the VHRR image macro-range, ice floes with diameters of more than 13 km are always easily identifiable; whereas smaller floes are more or less difficult to identify.

In both cases, ice concentration influences the degree to which ice floes can be distinguished.

Comparison of the constructed VHRR grid with a geographical map showed that location error is less than 10 km; deviation from the ERTS grid is less than 5 km.

7. Spectral Factor

Some examples from various publications illustrate interpretation problems involved in differentiating sea ice on satellite imagery on the basis of gray-tones.

Gray-tones of objects on images in the visible range can be described by the albedo or the spectral reflection curve. A table with albedo values for selected image objects is compiled from various sources; further remarks relate to the dependency

of sea ice albedo from such factors as: time of year, snow
cover and depth, ice concentration, melt-water and ice thickness.

Gray-tone representation of objects on VHRR imagery is analyzed for the course of the year 1973.
Variation in gray-tones for different wave-lengths is illustrated by ERTS MSS imagery; particularly evident is the high
absorption of water in the near reflective infrared band 7.
Influences affecting gray-tone reproduction — position of sun,
cloud cover and relief shadows — are discussed.

Differences in infrared radiation of sea ice, snow and water
are described. Due to external natural conditions, VHRR infrared imagery is more suitable for ice reconnaissance in colder
seasons than in Summer.

8. Time Factor

The relationship of various time-gaps between successive images
of a series and image positioning errors is shown as a curve;
from which the most favorable repetition rate, presuming unclouded terrain, can be determined. A description of temporal
changes in ice conditions precedes the discussion of a timescale classification for ice parameters showing the advantages
of daily weather satellite imagery over ERTS images.
Cloud-cover conditions for the East Greenland Sea are estimated
on the basis of the VHRR image series. Differences in cloud
observations by satellite and from the ground are discussed.
Available NASA Cloud Cover Statistics data for the area concerned are represented in a graph; this illustrates that cloud
cover has its minimum in Winter and maximum in Summer.
In view of the high percentage of, and extensive cloud cover,
the minimum requirement for satellite observations is daily
image repetition.

9. Distinction of Image Objects; Examples of Interpretation

Following a discussion of possibilities for distinguishing
between sea ice and clouds, water, land and between ice of
land origin, fast ice and pack ice, practical examples are
given for a time-stationary and time-variable ice inventory.
For complete analysis of VHRR imagery, supplementary groundchecks are necessary.